"十四五"时期国家重点出版物出版专项规划项目

智能建造理论·技术与管理丛书

普通高等教育智能建造专业系列教材

智能建造导论

主　编　刘占省

副主编　刘红波　许　镇　廖维张　乔文涛

参　编　史国梁　严仁章　王　勇　王　波

　　　　王京京　及炜煜　吕　振

主　审　方东平

U0186468

机械工业出版社

本书系统地介绍了智能建造的发展背景、理论体系、智能建造相关技术，以及智能建造技术在建筑全生命周期内的应用。本书共 11 章，主要内容包括：智能建造的兴起、智能建造理论体系、智能建造相关技术、智能建造系统、智能建造与全生命周期的目标规划、智能规划与设计、智能装备与施工、智能监测与防灾、智能运维与服务、智能建造与建筑工业化、智能建造的发展趋势。

本书可作为智能建造专业师生的教材，也可作为建筑领域的广大学者和建筑业相关从业人员的参考书。

图书在版编目（CIP）数据

智能建造导论/刘占省主编. —北京：机械工业出版社，2023.10
（2024.9 重印）
（智能建造理论·技术与管理丛书）
“十四五”时期国家重点出版物出版专项规划项目　普通高等教育智能建造专业系列教材
ISBN 978-7-111-73536-6

Ⅰ. ①智…　Ⅱ. ①刘…　Ⅲ. ①智能技术-应用-建筑工程-高等学校-教材
Ⅳ. ①TU-39

中国国家版本馆 CIP 数据核字（2023）第 134032 号

机械工业出版社（北京市百万庄大街 22 号　邮政编码 100037）
策划编辑：林　辉　　　　　　　　　　责任编辑：林　辉　舒　宜
责任校对：张亚楠　张昕妍　韩雪清　　封面设计：张　静
责任印制：刘　媛
北京中科印刷有限公司印刷
2024 年 9 月第 1 版第 3 次印刷
184mm×260mm·12 印张·296 千字
标准书号：ISBN 978-7-111-73536-6
定价：39.80 元

电话服务　　　　　　　　　　网络服务
客服电话：010-88361066　　　机　工　官　网：www.cmpbook.com
　　　　　010-88379833　　　机　工　官　博：weibo.com/cmp1952
　　　　　010-68326294　　　金　　书　　网：www.golden-book.com
封底无防伪标均为盗版　　机工教育服务网：www.cmpedu.com

前　言

建筑业作为国民经济的支柱产业，在促进经济增长、推进新型城镇化建设、决胜全面建成小康社会等方面做出了重要贡献。然而，建筑业依然存在一系列问题，如发展质量和效益不高、劳动生产率低、高耗能高排放、环境污染等。在"十四五"时期，建筑业迫切需要树立新的发展思路，实现绿色化、低碳化转型，向高质量发展之路迈进。

近年来，BIM 技术、数字孪生技术、人工智能、虚拟现实、大数据等新兴信息技术逐渐被建筑业采纳。信息技术改进了建筑业的生产关系，提高了生产效率，催生了建筑业科研、技术、生产管理方式等的新一轮革命。建筑业在与先进制造业、新一代信息技术深度融合发展方面有着巨大的潜力和发展空间，绿色化、现代化、智能化是建筑业发展的未来。

为推动智能建造的发展，住房和城乡建设部发布了《"十四五"建筑业发展规划》，住房和城乡建设部、国家发展和改革委员会等 13 部委联合印发了《关于推动智能建造与建筑工业化协同发展的指导意见》等。当前，在智能建造领域，迫切需要支撑行业发展变革的科研人才和工程技术人才，为满足对人才的需求，教育部批准并设立了智能建造专业。2018年以来，同济大学、北京建筑大学、东南大学、北京工业大学等国内百余所高校相继开设了智能建造专业，对涵盖智能建造相关知识体系的教材需求随之而来。

本书系统地介绍了智能建造的发展背景、理论体系、智能建造相关技术，以及智能建造技术在建筑全生命周期内的应用，重点介绍了智能规划与设计、智能装备与施工、智能监测与防灾、智能运维与服务等相关内容，旨在为智能建造领域的广大学者、学生和建筑业相关从业人员提供参考。

清华大学方东平教授在百忙之中对本书进行了精心审阅，并提出了许多宝贵意见和建议，使本书得到了进一步完善。在此表示衷心的感谢！

为便于教学，本书提供免费教学 PPT 课件、教学大纲等资源，教师可登录机械工业出版社教育服务网下载。另外，本书配有二维码视频素材，读者可扫码观看相关视频。

由于编者的水平有限，书中不足之处难免，敬请读者批评指正。

编　者

目　录

第1章

智能建造的兴起

导语

随着建筑业的不断发展以及信息化技术的不断更新，智能建造走进了大众的视野。智能建造作为新一代工程建造的创新模式，是实现建筑业高质量发展的强力工具。本章首先介绍了智能建造的时代背景，让读者了解当今建筑业的发展现状；接着介绍了智能建造的概念并总结了其特点以及应用现状，让读者对智能建造有了更加深刻的了解；最后分析了智能建造的价值，比较了它拥有的技术优势，探讨了智能建造专业人才培养的模式。

■ 1.1 智能建造的时代背景

1.1.1 建筑业的发展历程

世界上曾经有过大约七个相对独立的建筑体系，它们各自反映了不同的文化背景，地域特色。其中，有的早已中断不再流传，或是影响范围和成就相对有限，如古埃及、古西亚、古代印度和古代美洲建筑。中国建筑、欧洲建筑、伊斯兰建筑流传至今，被认为是世界三大建筑体系，其中以中国建筑延续时间最长，影响范围最广泛，成就也最为辉煌。

中国建筑经历了缓慢的原始社会的萌芽、奴隶社会的发展、隋唐的成熟、元朝的衰败和明清时期短暂的繁荣，经历了万千年时间的风云变化，形成了有别于欧洲的、能彰显民族特色的、独特的建筑风格。

不同历史时期、不同地域特点、不同功能类型的建筑又表达出不同的文化气质。

在公元前，人类为了躲避严酷的自然环境和躲避猛兽的侵袭，采用了最原始的居住形式——穴居和巢居，因此可以说"穴"和"巢"是建筑发展的两个主要的渊源（见图 1-1 和图 1-2）。

夯土建筑在我国产生于新石器时代。夯土防水性能不佳，古人便使用石块垒出城墙，大

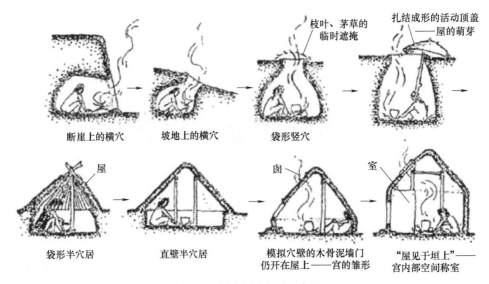

断崖上的横穴   坡地上的横穴   袋形竖穴

枝叶、茅草的临时遮掩

扎结成形的活动顶盖——屋的萌芽

袋形半穴居   直壁半穴居   模拟穴壁的木骨泥墙门仍开在屋上——宫的雏形   "屋见于垣上"——宫内部空间称室

图 1-1 穴居发展序列示意图

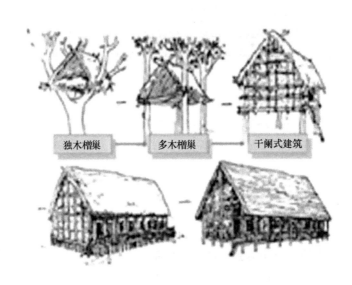

独木橧巢   多木橧巢   干阑式建筑

图 1-2 巢居发展序列示意图

大提高了城墙的防水、防渗性能。这种施工工艺也流传到了日本等地。

秦朝时期,制砖的技术和规模、质量和样式有了显著的发展,世称"秦砖"。秦砖的纹饰主要有米格纹、太阳纹、平行线纹、小方格纹等,以及游猎和宴客等画面,也有用于台阶或壁面的龙纹、凤纹和几何形纹的空心砖。有的秦砖上刻有文字,字体苍劲古朴,这种古砖十分少见。此种砖在烧制技术上非常成熟,火候较高。砖呈青灰色,质地坚硬,叩之清脆,苍浩旷达(见图 1-3)。

西汉时期,都城长安(现称西安)建造了大规模的宫殿、坛庙、陵墓、苑囿以及一些其他的礼制建筑。汉代基本继承了秦文化,全国的建筑风格趋于统一。社会生产力的发展促

图 1-3　秦砖样图

进了建筑的发展。它突出表现在木架建筑的渐趋成熟（见图 1-4）。我国是最早应用木结构的国家之一，木结构建筑扬木材受压和受弯之长，避受拉和受剪之短，具有良好的抗震性能。

图 1-4　木结构样图

唐朝的前百余年处于相对稳定的局面，社会、经济、文化都空前繁荣，建筑技术和艺术都有巨大的发展。在城市建设方面，唐朝首都长安延续了隋朝大兴的布局，又在此基础上扩建，形成了规模宏大、规划严整的布局。它对我国以及日本的都城建设都有很大的影响。在建筑组群方面，加强了城市总体规划，是里坊制施行的全盛时期。宫殿、陵墓等建筑突出主体建筑的空间组合，强调了纵轴方向的陪衬手法（见图 1-5）。

北宋在政治和军事上是我国古代史上较为衰弱的朝代，但在经济上，农业、手工业和商业都有发展，建筑水平也达到了新的高度。在城市建设方面，城市结构和布局起了根本性的变化。因为商业发展的需要，宋东京（现称开封）取消里坊制度和夜禁，呈现一座和唐朝截然不同的商业城市的面貌。在建筑组群方面，在总平面上加强了进深方向的空间层次，更好地衬托了主体建筑。

明朝社会经济得到了恢复和发展。明晚期，在封建社会的内部孕育着资本主义的萌芽，建筑也有一定的发展。建筑群的布置更加成熟。这从现存的很多实例中可以看出，如陵墓建筑群（南京明孝陵和北京明十三陵）、北京天坛、北京故宫。

图 1-5　宫殿大样图

清代是我国最后一个封建王朝。这一时期的建筑大体因袭明代传统，但也有发展和创新，建筑物更崇尚工巧华丽。清代的都城北京城基本保持了明朝时的原状，城内共有 20 座高大、雄伟的城门，气势最为磅礴的是内城的正阳门，沿用了明代的帝王宫殿，兴建了大规模的皇家园林。这些园林建筑是清代建筑的精华，其中包括华美的圆明园与颐和园。在清代建筑群实例中，群体布置与装修设计水平已达成熟，尤其是园林建筑，在结合地形或空间进行处理、变化造型等方面都有很高的水平。

清代时期，建筑技艺仍有所创新，主要表现在玻璃的引进使用及砖石建筑的进步等方面。这一时期，我国的民居建筑丰富多彩，灵活多样的建筑较多。风格独特的藏传佛教建筑在这一时期兴盛。这些佛寺造型多样，打破了原有寺庙建筑传统单一的程式化处理，创造了丰富多彩的建筑形式，以北京雍和宫和承德兴建的一批藏传佛教寺庙为代表。清代晚期，我国还出现了部分中西合璧的新建筑形象。

1840 年鸦片战争爆发到 1949 年新中国成立，我国建筑呈现出中西交汇、风格多样的特点。这一时期，传统的中国旧建筑体系仍然占据数量上的优势，但戏园、酒楼、客栈等娱乐业、服务业建筑和百货、商场、菜市场等商业建筑，普遍突破了传统的建筑格局，扩大了人际活动空间，树立起中西合璧的洋式店面；西方建筑风格也在我国的建筑活动中呈现，在上海、天津、青岛、哈尔滨等城市，出现了富有欧洲建筑风格的外国领事馆、洋行、银行、饭店、俱乐部等外来建筑。这一时期也出现了近代民族建筑，这类建筑较好地取得了功能、技术、造型与民族风格的统一。

自 1949 年开始，我国建筑发展进入新的历史时期。大规模、有计划的国民经济建设推动了建筑业的蓬勃发展。我国现代建筑在数量、规模、类型、地区分布及现代化水平上都突破近代的局限，展现出崭新的姿态。这一时期的我国建筑经历了以局部应用大屋顶为主要特征的复古风格时期、以国庆工程十大建筑为代表的社会主义建筑新风格时期、集现代设计方法和民族意蕴为一体的广州风格时期。

20 世纪 80 年代以来，我国建筑逐步趋向开放、兼容，我国现代建筑开始向多元化发展（见图 1-6）。随着我国经济建设的大规模进行，建筑业迅速发展，建筑业在国民经济中的比重不断提高，它的支柱产业地位逐步确定，支柱产业支撑作用越发明显，对整个国民经济发展的推动作用越来越突出。

图 1-6　国家体育场（鸟巢）

21 世纪以来，我国建筑业走向以新型工业化变革生产方式、以数字化推动全面转型、以绿色化实现可持续发展的创新发展新时代。全国住房和城乡建设工作会议要求，加快发展"中国建造"，推动建筑产业转型升级；加快推动智能建造与新型建筑工业化协同发展，大力发展数字设计、智能生产、智能施工和智慧运维；加快建筑信息模型（BIM）技术研发和应用，建设建筑产业互联网平台，完善智能建造标准体系，推动自动化施工机械、建筑机器人等设备研发与应用，开展智能建造试点。

1.1.2　建筑信息化发展历程

现如今，随着信息化的不断发展，信息技术在各个领域当中发挥着重要的作用，建筑业也不例外。为了促进建筑领域的升级和转变，以及提高各个项目的实施效率，需要将信息技术，信息化方法运用在建筑领域中。建筑信息化的发展历程主要有三个阶段：CAD 技术阶段、BIM 技术阶段、新兴信息技术阶段。

CAD 技术阶段源自 20 多年前的"甩图板"工程，也就是计算机辅助绘图（CAD）技术的普及和推广，广大建筑从业者从手工绘图转向电子绘图，实现了生产效率的提升，完成了建筑业的第一次信息革命。随后，各种工程造价软件、项目管理软件陆续推出，建筑信息化程度不断加深。它们本质上还是基于 CAD 的功能进行开发的，并没有脱离二维图样的范畴，从技术驱动的角度来看，个人计算机的普及是 CAD 得以取代手绘的关键性因素。

建筑信息化历程的第二阶段为 BIM 技术阶段。建筑信息模型（BIM）是实现数字建筑的重要手段，它以建筑工程项目的各项相关信息数据作为模型的基础，通过数字信息仿真模拟建筑物具有的真实信息，实现建筑模型的建立，具有可视化、协同性、模拟性和连贯性的特点。从 CAD 到 BIM，建筑信息化迎来了二次革命。从全球建筑数字化市场规模来看，据相关数据统计，2020 年全球 BIM 行业市场规模达到 55.8 亿美元，预计 2026 年市场规模达到 133 亿美元，2020—2026 年复合年均增长率为 15% 左右。

当前随着云计算、物联网、大数据、移动互联等新技术的出现，使建筑施工的生产和经营方式、管理和组织模式以及业务管理流程发生了快速转变，建筑信息化正在进入第三阶段——新兴信息技术阶段。这一阶段，建筑信息化主要呈现出以下四大特点：

1）信息化应用呈现集成化、移动化、场景化。云计算、物联网、移动互联网技术的蓬勃发展，正推动建筑信息化进入集成化、移动化、场景化的全新阶段。集成化应用打破了"信息孤岛"，信息系统真正成为有机整体；移动应用突破了时间、空间限制，用户可以通过移动终端随时随地地访问系统，显著提高协同效率；采用轻量化微服务技术，根据不同业务场景，提供个性化应用功能，满足不同角色业务场景需求，提升用户体验。

2）大数据成为建筑信息化建设的新热点。数据的爆炸式增长已超出传统信息技术基础架构的处理能力，给建筑业带来严峻的数据管理问题。因此，必须进行大数据的规划和建设，开发使用这些数据，释放出更多数据的隐藏价值。通过大数据战略规划，可以帮助建筑业明晰大数据建设的整体目标及建设蓝图，并将蓝图的实现分解为可操作性、可落地的行动计划和实施路径，有效指导建筑业大数据战略的落地实施，助力建筑数字化转型升级。

3）信息安全在信息化建设中受重视程度提升。随着计算机信息网络建设的不断发展及各类应用的不断深入，建筑业的经营模式已经由传统模式逐渐向网络经济模式转变。网络的开放性、互联性、共享性，以及远程视频会议、远程现场监控等新兴业务的兴起，使得信息安全问题变得越来越重要。目前，很多企业都意识到了信息安全在提高企业核心竞争力方面的重要作用，持续实施信息安全整体解决方案，以信息网络、信息系统、数据、办公计算机和移动终端为防护对象，从管理和技术角度来设计和建设信息安全项目，大幅提高建筑业对信息安全风险的预警和响应能力。

4）云服务实现产业链的生态协同。云计算应用逐步成熟，并向建筑业细分领域渗透，行业化和场景化将成为云服务发展的大趋势，建筑业云服务平台建设将为分享经济在建筑领域的应用落地提供平台支撑。依托云计算、物联网、大数据等技术，构建资源开发共享的云服务平台，对外发布需求信息，吸纳社会资源，对内保障安全生产、优质履约、降本增效和建立施工大数据，随着建筑业和互联网的融合发展逐步深入，"智慧工地大数据云服务平台"的发展有无限潜力，将为建筑数字化战略管理奠定坚实基础。

1.1.3　当前建筑业面临的问题

建筑业是我国国民经济的支柱产业之一，就业容量大，产业关联度高，全社会50%以上的固定资产投资要通过建筑业才能形成新的生产能力或使用价值。建筑业增加值约占国内生产总值的7%，建筑业的技术进步和节能、节材水平，在很大程度上影响着我国经济增长方式转变和国民经济整体发展的速度与质量。同时，建筑工程质量事关人民群众的生命财产安全和新型城镇化发展水平。当前我国建筑业面临的问题如下：

1）建筑市场信用体系建设滞后。市场经济从一定程度上来讲就是信用经济，信用是社会主义市场有序发展的最基本要求。然而，当前我国建筑业失信现象时有发生，甚至在社会上引起广泛的关注。例如，业主在合同签订履行方面和经济方面存在着恶意拖欠工程款、违规收费等，扰乱建筑市场的正常秩序；在建筑产品的生产过程中承担主要责任的承包商则存在着偷工减料、以次充好等现象，严重影响工程质量，甚至造成安全生产事故频发；作为第三方服务中介机构，招标投标代理机构、监理单位、检测机构等也不同程度地存在着失信行为，加剧建筑市场的无序与混乱。

2）建筑市场监管不力。建筑业的良性发展有赖于公开、公正、公平的市场竞争环境。良好的市场环境的形成需要政府部门健全建筑业市场体系，以实现各市场行为主体运作的规范化。目前我国建筑市场的监管体系还不健全，监管力度仍有待进一步强化。

3）建筑企业整体核心竞争力不强。作为建筑市场最重要的载体，我国建筑企业自改革开放以来取得了快速的发展，但与国外先进建筑企业相比，我国建筑企业的自我积累、自我改造和自我发展能力尚未真正形成，建筑企业整体竞争力较弱，在国际市场竞争中处于弱势。

4）建筑业劳动力紧缺。建筑业的持续健康发展离不开劳动力的支持。随着我国建筑业的快速发展，劳动力问题凸显，成为制约我国建筑业进一步发展的关键。建筑业为劳动密集型产业，但人口结构的变化，建筑基础劳动力的流失，劳务成本的上涨势必造成建筑成本的增加。为应对不断增加的劳务成本，承包商须限制利息率或收取较高的费用，继而影响建筑项目的投标中标率。因此，基础劳动力用工荒和劳务成本不断增加已成为我国建筑业的一大挑战。

1.1.4 建筑业数字化转型

1. 数字化转型的本质和功用

数字化转型的本质是通过云计算、大数据、人工智能、物联网等数字化技术优化资源配置效率，提高企业核心竞争力。数字化转型是一个循序渐进的过程。数字化基础设施从建成到运营，再到赋能各行业需要一个渐进的过程，数字化技术与各行业业务融合也需要一个渐进的过程。数字化转型的复杂性导致该项工作无法一蹴而就，需要循序渐进，分阶段进行。企业首先需要建立符合自身的数字化转型战略，从战略层面、思维层面、技术层面、能力层面、人才层面等统筹考虑；然后要进行主营业务的战略规划和IT战略规划；最后结合先进的数字化理念和优秀的架构方法等制订可行性的数字化转型方案。

对于企业来说，战略转型、思维转变、技术积累、能力创造、人才培养等各方面都需要在数字化转型过程中不断地形成共识，逐渐清晰和调整，并不断积累、迭代，逐步形成企业自己的核心技术、数据资产等，这同样需要一个渐进的过程。整个转型升级的过程是点、线、面、体渐进的过程，是从局部到全局，从静态到动态，从人工到单机智能、再到系统集成的过程。产业数字化转型的主体建筑业产业链中的各企业，它们需要实现高质量发展；客体是数字技术。产业数字化转型的价值维度是指数字技术对产业实现高质量发展的价值影响。从理论上讲，产业发展涉及产业效率、产业组织、产业竞争等多个方面，数字技术对产业发展的价值影响也是多方面的。

2. 建筑业数字化转型驱动产业效率提升

人类文明中的历次工业革命都促进了社会生产力的大幅提升，最直接的表现是生产效率的提升。提升产业效率是我国解决供需失衡问题进而实现产业高质量发展的基本前提。数字经济的发展，增强了数据的资源属性，使其在企业发展中的作用不断凸显，并逐渐成为核心的生产要素。互联网应用的扩张，将传统的决策模式从"人与信息对话"导向"人与数据对话"，并且试图实现"数据与数据对话"。互联网提高了企业对市场信息的获取能力，也增强了企业对信息即时价值的捕捉。数字技术的应用则能够实现对信息检索的智能化、定制化。企业通过建立数据科学模型，模仿人脑机制对信息进行智能化甄别、筛选、解释，能够保障信息的高效供给。这个过程完全建立于预设的算法逻辑之上，赋予机器常识，克服了由个人的"有限理性"和"理性无知"对分析结果产生的主观影响。

3. 建筑业数字化转型推动产业跨界融合

在数字经济下，产业组织的基本单位不再是企业，而是企业之间以用户价值为出发点建立合作关系而形成的数字化生态。数字技术的发展使得企业不再仅将数字化生态视作提高效率的工具，而是实现自身发展的模式。根据 Adner 的分析，产业生态中包括核心企业和辅助者两类角色，核心企业通过在系统内部开放生产要素和知识产权等资源的方式建立合作关系，具有引导价值创造以及决定要素分配的主导地位，并且要承受生态运行中的各项风险；辅助者则要遵循核心企业的引导、承担相应的业务职责。每个参与者作为子系统除了要扮演好自身的业务角色外，还需要加强与其他参与者之间的业务协同，形成价值创造的范围经济。

4. 建筑业数字化转型重构产业组织的竞争模式

竞争机制是市场经济的核心动力。产业数字化转型降低了信息不对称对要素流通的约束，大数据能够提供更多的质量信号。要素将在质量信号的引导下向能够高效创造用户价值的领域集中，数字化生态的战略导向转变为优化用户价值的供给质量和供给效率。数字化连接打破了传统的产业边界，也降低了产业进入壁垒，产业组织内部的参与者将面临更多来自外部的竞争压力。随着用户价值成为生态运行的核心维度，规模经济、技术优势、沉没成本等进入壁垒的作用被削弱，尝试通过横向和纵向的一体化降低协作成本的战略逐渐被替代，跨界合作成为产业组织发展的常态。在跨界互联的战略思路下，以百度、阿里巴巴、腾讯为代表的互联网企业通过跨界整合建立商业生态，不断扩大业务范围，对传统企业形成了较大冲击。面对互联网企业的崛起，传统企业要通过数字化转型和增强价值供给以巩固市场地位。

5. 建筑业数字化转型赋能产业组织升级

数字化转型在驱动产业效率提升的同时，改变了传统产业的经营理念，为我国产业结构升级提供了方案。产业数字化转型促进产业跨界融合，加快了要素流通，促进了要素配置的优化，倒逼企业技术创新能力的提升，进而推动产业技术升级。此外，数字化转型重构了产业组织的竞争模式，增强了竞争机制，有助于提高资源的利用效率、促进收益公平分配、推动产业组织持续优化。产业升级的本质在于企业生产力和市场竞争力的提升，数字化转型赋能产业组织升级体现在实现以用户价值为导向、提高全要素生产率、增加产品的附加值以及促进现代产业体系的培育等方面。

■ 1.2 智能建造的概念

1.2.1 智能建造的定义

智能建造是新一代信息技术与工程建造融合形成的工程建造创新模式，是在实现工程要素资源数字化的基础上，通过规范化建模、网络化交互、可视化认知、高性能计算以及智能化决策支持，实现数字链驱动下的立项策划、规划设计、施（加）工生产、运维服务一体化集成与高效协同，交付以人为本、智能化的绿色可持续工程产品与服务。工程建造与其他工业产品制造一样，必须立足于产品的全生命周期的经济技术性能和效益的最大化。

有学者指出，在建造过程中充分利用智能技术和相关技术，如应用智能化系统，可以提高建造过程的智能化水平、减少对人的依赖，在达到安全建造目的的同时，提高建筑的性价比和可靠性。也有其他学者认为，以建筑信息模型、物联网等先进技术为手段，以满足工程项目的功能性需求和不同使用者的个性需求为目的，构建项目建造和运行的智慧环境，通过技术创新和管理创新可有效改进工程项目全生命周期的所有过程的实施。

智能建造是面向工程产品全生命周期，实现泛在感知条件下建造生产水平提升和现场作业赋能的高级阶段，是工程立项策划、设计和施工技术与管理的信息感知、传输、积累和系统化过程，是构建基于互联网的工程项目信息化管控平台，在既定的时空范围内通过功能互补的机器人完成各种工艺操作，实现人工智能与建造要求深度融合的一种建造方式。

智能建造需要贯彻可持续发展的理念，保障工程各参与方能够有统一的平台协同合作，信息共享，由 BIM 技术、云计算技术、物联网技术、大数据技术等信息技术手段提供支持，能够实现传统建造手段与信息化技术结合。

人工智能作为新一代产业变革的核心驱动力，是全面提高土木工程领域数字化、自动化、信息化和智能化的重要方法。目前，人工智能已成为各领域的研究及应用热点，我国是世界上在人工智能领域内行动最早、动作最快的国家之一。自 2015 年起，我国先后颁布了

《中国制造 2025》《积极推进"互联网+"行动的指导意见》《"十三五"国家战略性新兴产业发展规划》《新一代人工智能发展规划》等政策，从各个方面详细规划了人工智能的重点发展方向，并明确指出人工智能是新一轮科技革命和产业变革的核心技术。人工智能技术为建筑业信息化水平低、生产方式粗放、劳动生产率不高、资源消耗量大、科技创新能力不足等一系列问题的解决提供了新的方式。为了实现土木工程行业的高质量发展，需要将人工智能技术应用于土木工程设计、施工和运维的全生命周期中，深刻变革土木工程发展，全面提升土木工程行业的数字化、自动化、信息化和智能化。在人工智能的诸多基础研究领域中，机器学习和计算机视觉在土木工程领域的研究与应用十分广泛且较为深入。

机器学习处于计算机科学和统计学的交叉点，是人工智能和数据科学的核心，机器学习的关键是使用算法分析海量数据，挖掘其中存在的潜在联系，形成一个有效的模型，用它进行决定或预测。通常按照训练样本提供的信息以及反馈方式的不同，将它的算法分为监督学习、无监督学习、半监督学习和强化学习。监督学习的根本目标是训练机器关于学习的泛化能力，使其通过学习可对未知的结果做出预测。无监督学习是通过学习，将数据根据相似性原理进行区分，解决分类问题。

计算机视觉是以成像系统代替视觉器官作为输入传感手段，以智能算法代替人类大脑作为处理分析枢纽，从图像、视频中提取符号数字信息进行目标的识别、检测及跟踪，最终使计算机能够像人一样通过视觉来"观察"和"理解"世界。

机器学习和计算机视觉在土木工程领域得到了大量研究，具有十分广阔的应用前景。

综上所述，智能建造是为适应以"信息化"和"智能化"为特色的建筑业转型升级国家战略需求而产生的新方向。建筑业已经迎来了新的局面，信息时代正在为建筑业创造快速发展的平台。智能建造技术将设计、施工、管理等各方数据整合起来，为建筑业信息化、智能化的转型升级奠定了基础，进而更好地推动建筑业的发展。

1.2.2 智能建造的特点

从范围上来讲，智能建造包含了建设项目建造的全生命周期，包括建设项目勘察、规划、设计、施工与运营管理等。从内容上来讲，智能建造通过互联网和物联网来传递数据，这些信息与数据往往蕴含着大量的知识，借助于云平台的大数据挖掘和处理能力，建设项目参建方可以实时、清晰地了解项目运行的方方面面，可以对项目的组织协调、计划管理有更好的把控。从技术上来讲，智能建造中"智能"的根源在于以 BIM、物联网和云计算等为基础和手段的信息技术的应用，智能建造涉及的各个阶段、各个专业领域不再相互独立存在，信息技术将它们串联成一个整体。智能建造与各相关要素之间的关系如图 1-7 所示。

智能建造充分利用上述先进技术手段，使工程项目全生命周期的各个环节高度集成，对不同主体的个性化需求做出智能反应，为不同阶段的使用者提供便利。借助着各项技术发展起来的智能建造技术是提高建筑项目生产率的新技术，它的特点见表 1-1。

表 1-1 智能建造的特点

特点	含 义
智慧性	主要体现在信息和服务这两个方面,智慧性以信息作为支撑,每个工程项目都包含巨量的信息,需要有感知获取各类信息的能力、储存各类信息的数据库、高速分析数据能力、智慧处理数据能力等,而当具备信息条件后,通过技术手段及时为用户提供高度匹配、高质量的智慧服务
便利性	智能建造以满足用户需求为主要目标,在工程项目建设过程中,需要为各专业参与者提供信息共享以及各类智慧服务,为各专业参与者提供便利、舒适的工作资源和环境,使得工程项目能够顺利完成,也为业主方提供满意的建筑功能需求
集成性	集成性主要体现在将各类信息化技术手段互补的技术集成以及将建设项目各个主体功能集成这两个方面。智能建造的技术支持涵盖了各类信息技术手段,而每种信息技术手段都有独特的功能,需要将每种技术手段联合在一起,实现高度集成化
协同性	通过运用物联网技术,将原本没有联系的个体相互关联起来,彼此交错,构建了智慧平台的神经网络,从而能够为不同的参与用户提供共享信息,增进不同用户间的联系,能有效避免信息孤岛情况,达到协同工作的效果
可持续性	智能建造完全切合可持续性发展的理念,将可持续性融入工程项目全生命周期的每一个环节中。采用信息技术手段,能够有效进行能耗控制、绿色生产、资源回收再利用等方面作业。可持续性不仅满足节能环保方面的要求,还包括了社会发展、城市建设等要求

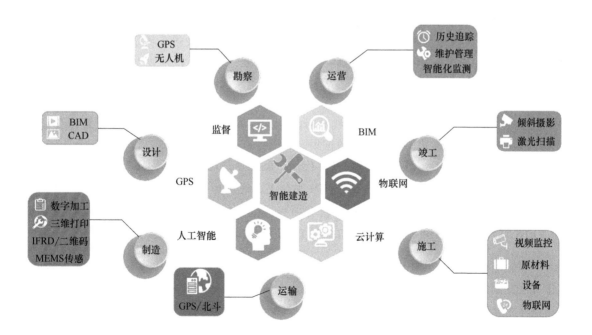

图 1-7 智能建造与各相关要素之间的关系

■ 1.3 智能建造的价值

1.3.1 智能建造的技术优势

相比于传统的建筑建造模式,智能建造在以下阶段有着明显的优点:

1. 勘察设计阶段

在工程建设开展前,建设单位首先需要聘请专业勘察设计机构组织开展工程地质勘察,然后根据勘察结果进行相应工程设计。在传统建造模式下开展勘察工作时,相应人员需要进行工程地质测绘、勘探、物探、资料内业整编、图表和勘察报告绘制等工作;在开展设计工作时,工作人员需进行方案设计、初步设计和施工图设计。随着智能建造技术的不断涌现,勘察设计人员能够在开展具体工作时将最新智能技术应用于地质勘察、数据收集分析及设计优化之中,增强勘察设计的准确性及全面性。例如:借助雷达等先进探测技术,可以对地质构造和地形条件复杂地区的施工地质状况进行深层探测,对矿物、水文、地质、地形等环境信息自动扫描识别和存储;借助遥感大数据智能解译技术,可以基于勘测大数据和遥感观测数据对施工区域海量的多维度勘察信息进行智能分析,实现有用设计参考数据的快速提取和勘察数据的自动分类等;借助 BIM 优化设计技术,以及 BIM 与 GIS 集成技术,可以使建筑信息模型兼具地理空间数据,经过轻量化融合处理,为线路、桥梁等空间关系复杂的工程设计方案,提供更好的场景化体验和数字化分析工具。

1)遥感大数据智能解译。传统遥感影像的信息提取主要依赖人力进行目视判读解译,依靠一些经验知识进行建模也能够得到一定的识别效果,但是其识别效果与实际应用需求相距甚远。为了提升勘察设计工作的质量及数据的准确性,勘察单位可利用遥感智能解译平台,快速、及时、低成本地从海量的遥感卫星影像中提取项目所在地具体的要素信息,生成 AI 地图以进行可视化展示,并进行在线分析。遥感智能解译平台可协助勘察设计单位建立全方位、多层次、立体化的施工地域数据集。

2)BIM 轻量化技术。BIM 轻量化技术应用,就是通过岗位级的 BIM 工具,获得初始模型和数据信息,再将模型集成到项目级 BIM 平台上,通过虚拟建造和现场可视化管控结合,实现精细化管理,最终项目管理层再对所有项目进行整体把控,实现建设项目的信息化管理。BIM 轻量化技术的核心是缩小建筑信息模型的体量,让模型更轻、显示更快。

郑万铁路河南段隧道的工程地质信息多元、空间体量巨大,在功能多维、数据庞大的建筑信息模型展示时,计算机运行负荷过大。在建筑信息模型使用过程中,技术人员通过相似性图元合并、遮挡剔除等操作实现了建筑信息模型的几何轻量化,大幅度减少了模型单元信息轻量化的输入与输出,最大限度地减少了对计算机资源的占用,达到了轻便快捷、合理易用的效果。

2. 施工建造阶段

1）实景模拟技术。为了保证项目建设的高效、顺利开展，施工方充分利用实景模拟技术，将渗透传感器、应力传感器、位移传感器等监测设备采集的数据信息匹配到建筑信息模型中，对渗水状况、混凝土应力、洞周收敛等隧道施工风险和围岩参数多元信息的动态监测。

2）人工智能辅助施工。通过信息化手段，施工单位可采集项目施工信息数据，实现工程可视化监测；通过人脸识别技术可汇总所有进场人员的年龄、性别、工种、当天工作时长等关键信息，对劳动时间明显超长的作业人员发出提醒。智慧工地系统还有自动报警功能，作业人员突发倒地、施工场地突然起火冒烟、非法进入等工地上的异常状况都在智慧工地高清摄像头的监控范围之内，配合 AI 智能算法技术，智慧工地系统可以自动侦测 14 种事故隐患场景并实时发出警报。工地的塔式起重机全都配备"人脸识别"功能，非持证人员无法启动和操作；大臂回转角、幅度、载重、高度、倾角、风速等数据都在系统实时监测下，对塔式起重机每次作业进行实时监控，对吊装超载、塔式起重机间碰撞提供实时预警，并自动进行制动控制。智慧工地通过实时监测特种设备运行、施工作业人员等工地数据情况，不仅强化了规范操作，预防了很多安全隐患，还比过去单纯人工巡查效果更全面、更高效。

3. 运营维护阶段（运维阶段）

运维阶段主要采用综合智能运维管理系统平台。该平台采用先进的智能技术，将传统以人工为主的运维管理转变为自动化、信息化的智能监测维护方式，具备了音视频监控、人脸识别综合应用、人群密度分析、预警、线上设备健康评估和安全预警、铁路沿线周界管理、应急预案管理、可视化指挥调度等功能，实现了运营维护的集成化管理、一体化控制、可视化展现。

智能巡检功能：依靠车载激光雷达等检测技术，将钢轨表面缺陷检测、钢轨内部缺陷检测、车辆限界和异物检测、隧道（线路）环境异常检测、接触网状态检测、轨距检测几大功能综合集成于检测设备，在快速行驶中一次性完成上述复杂检测过程。系统自动对异常情况做出详细记录，保留相关图片及匹配隧道高精度地图与定位，并对异常结果实时报警提示，通过后台数据统计智能分析，对潜在风险及时预警，而且自动存储检测结果，不同批次检测结果可复查、可对比。

综合智能化运营维护管理可有效提升运维管理的智能化程度，增强可靠性、可维护性、经济性及安全性，提高服务质量和水平，实现减员增效，降低运营成本。

在智能技术的加持下，建设单位能够远程监督基础设施及各类设备运转状况、全面监督区域内人员流动情况，从而及时发现风险并做出预警。基于大数据与云计算的智能管理平台是该阶段智能建造技术的主要应用成果。基于物联网感知、视频多媒体、BIM、GIS 等各类信息，智能检索与实时分析运维阶段海量数据信息，深度挖掘数据参考价值，为运维过程优化和决策提供信息辅助。基于云计算技术，对环境、安全、设备、人员等多维多级建筑运维信息进行云端存储、快速计算、优化处理等操作，为运营单位提供监测、预警等全方位决策分析支持，提高运维和管理效率。

1.3.2 智能建造专业人才培养

智能建造促进建筑产业发生深刻的变革，高水平的专业人才是支撑这一变革的关键因素之一。在智能建造背景下，专业人才的知识结构、知识体系和专业能力等各方面必然会有新的要求。

1. 社会需求

面对由技术引发的建筑业变革，如何培养满足产业转型需要的智能建造科技人才，以支撑我国迈向建造强国行列，已经成为相关高校人才培养的重要挑战。智能建造技术是建筑业发展过程中出现的新技术、新方向，符合现代社会工业化发展的整体趋势。智能建造技术的推进离不开各类技术研发。智能建造人才培养是建设创新型国家、实施科教兴国战略和人才强国战略的关键所在。

随着城镇化和"一带一路"的推进，对建设与管理方面的技术人才提出了急迫的需求，建造业市场化加速，智能建造市场潜力巨大、行业优势明显，对智能建造人才有着迫切需求。此外，随着国际产业格局的调整，建造业面临着在国际市场中竞争的机遇和挑战，智能建造作为建筑工业化的发展趋势，相关技术必将成为未来建筑业转型升级的核心竞争力，也需要大批适应国际市场管理的技术与管理人才。

根据教育部和住房和城乡建设部组织的行业资源调查报告，智能建造技术人才紧缺突出表现在智能设计、智能装备与施工、智能运维与服务等专业领域。今后10年，技术与管理人才占比要达到20%，高等教育每年需培养30万人左右。因此，智能建造专业毕业生具有良好的就业前景。

2. 能力需求

1）具有"T"字形知识结构。智能建造的显著特征就是多学科交叉融合，并能够解决工程实际问题。从知识结构来看，智能建造专业人才应具有宽泛的知识面，也就是"T"字的"一横"要足够宽。建筑3D打印、建筑机器人、生物混凝土技术等就体现出材料学科、机械学科、计算机学科、生命学科等与土木学科的交叉融合。因此，智能建造专业人才必须掌握相关学科的基础理论和知识，并做到有机融合，真正成为具有复合知识体系的人才。

2）具有突出的工程建造能力。智能建造是实现更高质量的工程建造这一目标的重要手段之一。智能建造专业人才培养不能偏离工程建造这个"本"，尤其不能舍本逐末，如简单堆砌一些信息技术类的课程，而挤占了专业课课时，这样做反而削弱了学生的工程基础。智能建造专业人才培养必须将满足未来工程建造需要、具备解决工程建造过程中复杂问题的能力作为指导思想，确立人才培养要服务于"工程"的主线。与此同时，智能建造专业人才培养还要突出利用新技术、新方法创造性地解决工程问题的能力。在数字化、网络化、智能化发展趋势下，多学科交叉融合的智能建造将会发展出新的工程建造技术与方法，如数据驱动、模型驱动的工程设计和施工。这就需要智能建造专业人才具有创新思维，能够从独特的视角发现新问题，提出新颖的解决思路，运用新技术和方法实现创新性的成果。

3）具有工程意识能力。随着工程建设技术的发展，人类改造自然、影响环境的能力越来越大。现代工程建设面临的不再是单纯的技术问题，还要考虑工程与环境、社会之间的相互影响。新技术变革条件下的智能建造工程师应当具有工程伦理意识、强烈的社会责任感和人文情怀，要更加深刻地理解工程实践对社会、环境造成的影响，更加深刻地理解建筑产品对社会、用户带来的价值以及如何去实现这些价值。智能建造应当为用户创造出更绿色、更高品质的建筑产品，这就要求建筑工程师不仅要从建造技术上去创新，采用最佳的建造材料和建造方式，还要有强烈的责任心，在建设活动中始终坚持以用户为中心、坚持可持续发展的理念。

3. 培养目标

智能建造专业面向未来国家建设需要，适应未来社会发展需求，培养专业知识宽广，实践能力突出，科学与人文素养深厚，掌握智能建造方法，能胜任土木工程项目的智能规划与设计、智能装备与施工、智能运维与管理等工作，具有可持续学习与创新能力、国际视野的创新型人才。智能建造专业人才培养目标包括：

1）科学方法及思维能力。掌握数学、力学、物理学等自然科学知识；了解人工智能、信息科学、工程科学、环境科学的基本知识；了解当代科学技术发展的主要趋势和应用前景，并掌握基本的科学方法，具备基本的逻辑思维能力，能够运用以上知识及方法解决实际工程问题。

2）专业知识与能力。掌握智能建造的相关知识，基础知识扎实，专业知识宽厚；掌握解决工程实际问题的方法论，并经历全面的工程实践训练，具备解决复杂工程问题与进行管理的基本能力。

3）基本身心素质。具备良好的个人修养及基本职业道德；有责任担当，具有贡献社会、保护环境的意识和价值取向。

4）表达与沟通能力。具有口头和书面表达能力，能够在团队中与人合作，发挥有效的作用。

5）学习能力。具备终身学习的能力：能够通过继续教育或其他途径不断提高个人能力，了解和紧跟学科发展。

智能建造专业毕业生能在企业的智能建造中心、技术创新中心，以及科研院所的智能研发中心等部门从事智能建造相关的设计、施工、运维管理、技术开发或研究等方面的工作，并通过自主学习或研究生阶段继续深造学习，在毕业五年左右，具备担任智能建造专业项目技术或管理工作负责人的能力。

思 考 题

1. 当前建筑业面临着哪些问题？
2. 建筑业数字化转型是如何推动产业组织升级的？
3. 什么是智能建造？
4. 智能建造有哪些特点？
5. 相比于传统的建筑建造模式，智能建造有哪些优点？
6. 智能建造专业人才需要具备哪些能力？

第 2 章

智能建造理论体系

导语

　　本章首先介绍了智能建造技术的内涵，而后提出了智能建造标准体系的框架，最后总结了智能建造五个方面的特征，提出了智能建造的相关优势。

■ 2.1 智能建造技术的内涵

　　互联网技术在我国建筑业的应用，推进了传统的建筑业向数字建筑升级发展，特别是依托复杂的精密算法实现了建筑全生命周期发展。数字计算和通信技术的应用，强化了建筑全生命周期各个环节的集成，推进了全局建筑业数字集成，大大提升了建筑业的生产效率。

　　智能建造将智能技术充分应用到生产制造的全流程之中，从而提高生产效率，降低生产风险，加强生产的持续性。从产品全生命周期来看，智能建造将信息感知技术、自主学习技术和智能决策设计技术等应用到设计、施工、运维的建筑全生命周期之中，强化建设项目建造过程的智能化、高效化。

　　智能建造系统的技术架构建立在物联网、云计算、BIM、大数据以及面向服务架构等技术的基础上，形成一个高度集成的信息物理系统。智能建造总体技术架构如图 2-1 所示。物联网通过各类传感器感知物理建造过程，经过接入网关向云计算平台实时传送采集的监控数据。工程物联网作为物联网技术在工程建造领域的拓展，通过各类传感器感知工程要素状态信息，依托统一定义的数据接口和中间件构建数据通道。工程物联网将改善施工现场管理模式，支持实现对"人的不安全行为、物的不安全状态、环境的不安全因素"的全面监管。在工程物联网的支持下，施工现场将具备如下特征：一是万物互联，二是信息高效整合，三是参与方全面协同。云计算平台为大数据的存储与应用、基于 BIM 的实时建造模型以及各项软件服务提供了灵活且可扩展的信息空间，支持不同专业的项目管理人员在统一的平台上共享信息并协同工作。在信息空间中经过分析、处理与优化后形成的决策控制信息再通过物联网反馈至物理建造资源，实现对施工设备的远程控制以及对施工人员的远程协助。

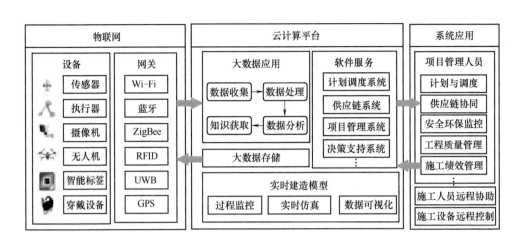

图 2-1　智能建造总体技术架构

■ 2.2　智能建造标准体系的框架

推进智能建造已经成为我国推进建筑业高质量发展的关键举措之一，以下从两个方面介绍智能建造的标准体系框架。

1. 智能建造全过程 BIM 技术应用体系构建

完整的 BIM 技术应用体系应首先从宏观层面上入手，明确各阶段、各流程的具体目标；再结合行业需求确定智能建造全过程 BIM 技术应用体系。

智能建造全过程的特征主要为信息化、产业化、一体化。智能建造全过程 BIM 技术体系设计应结合实际项目情况，权衡各环节的关系，平衡项目实施的"广度"与"深度"的问题。在构建整体体系的同时除了要凸显项目管理的能力，还应该注重整体体系与智能建造全过程相关技术的融合，打造以新兴技术体系为支撑，且融合现代发展需要的良性体系，应该做到前置设计的要求，使整体的体系更加交互、包容，为后续实践体系应用提供支持，最终促进智能建造全过程 BIM 技术体系的构建。

2. 智能建造管理平台技术架构

智能建造管理平台共分为 5 层（见图 2-2），从下至上依次为：

1）感知层。感知层主要通过传感器、身份标识、北斗、视频监控、光学测量等技术感知现场工程动态。

2）网络层。网络层主要通过有线网、VPN、4G/5G、超级 Wi-Fi、蓝牙等技术实现感知网络接入和汇集。

3）设施层/云平台。设施层/云平台主要为云计算、云存储、负荷均衡、网络安全、监控运维等技术。

4）基础服务层。基础服务层主要包括统一的基础编码、搜索引擎、GIS、BIM 等平台性的服务。

5）应用层。我国的 BIM 技术应用刚刚起步，起点较低，但发展速度快，国内大多数大型建筑企业都有非常强烈的应用 BIM 提升生产效率的意识，并逐渐在一些项目上开展了试点应用，如 BIM 与 GIS 集成技术、BIM 与 VR 集成技术、BIM 与 3D 打印技术和物联网技术等实现了智能建造总体框架的搭建。

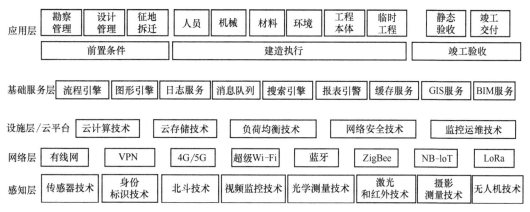

图 2-2　智能建造管理平台技术架构

2.3　智能建造的主要特征

2.3.1　自动化

自动化控制技术在工业、农业、军事行业等各行业中的应用日益频繁，借助自动控制技术可免去大量人为参与等行为，根据相应设置参数、设备特点进行装置自动运行设置，促进现代科技的应用发展，同时借助新科技不断升级自动化控制技术。

在如今的建筑全生命周期中，出现了越来越多的自动化的身影。在设计阶段，软件可以自动审核建筑图样，检查出管线碰撞等问题，避免出现严重的经济损失。在施工阶段，机器人越来越广泛地代替人工进入工地，让"机器人"建房，实现提质、安全、增效，也慢慢地被市场所接纳和认可。在运维阶段，自动控制、计算机作为主要部分，对建筑的综合控制影响较大，可提高内部软件配置等级水平，提高建筑体功能服务的全面合理性。其中，应用弱电技术，对建筑内部信息进行处理控制，提高传感设备、信息通信的实际运营效率，实现智能管理；推进对应图像处理、集成控制能力，带动建筑运维的功能日趋完善。

2.3.2 智能化

智能化管控就是运用数字化手段（包括传感器、物联网以及底层控制系统）将车间的生产物流计划与行程进行信息化管理，实现设计、施工、运维全过程的智能监测，连接数字化的虚拟空间与真实的物理空间，并对建筑"感知—分析—决策—执行"全封闭链管控。研究智能化管控技术首先要明确项目现场所包含的信息，如场地规划信息、物料信息、托盘信息、堆场库存信息以及运输车辆信息等，然后实现场地设施规划管理、材料管理、堆场管理、车辆设备管理以及物流系统的各项数据统计分析管理，以此提高施工效率与质量。设备物联技术就是通过互联网技术、通信技术、嵌入式系统技术以及 RFID 技术等相互融合进行设备间通信协作，实现设备资源与信息资源之间信息采集、传输、计算、分析、反馈与服务的新模式。设备物联技术通过对建筑在运维过程中全方位、多角度的传递与处理使得生成的信息数据符合预期目标，从而使"人、机、物"三者相互联系。

2.3.3 网络化

构建完善的网络化管理平台。在建筑施工技术管理中，信息技术的应用获得多数建筑企业的认可，它的重要性主要在建立网络化信息管理平台中得到体现。现阶段，将信息技术与建筑施工技术管理相结合，构建建筑施工管理信息化平台，此平台利用 BIM 技术，有效处理建筑施工管理过程中的数据，利用网络技术实现共享传输数据资料，以大幅度提高施工效率。建筑施工技术管理过程中的全部数据可以利用网络信息平台，以集中的形式对所有工序中的数据进行汇总，管理者通过这种方法可以迅速了解建筑施工的具体情况。

2.3.4 协同化

智能建造中，数字化协同设计利用现代化信息技术对工程项目的工程立项、设计与施工策划阶段进行全专业、全过程、全系统协同策划。

人工智能简称 AI，是 21 世纪三大尖端技术之一，研究内容包括机器学习和知识获取、知识处理系统、智能机器人、自动推理和搜索方法、计算机视觉等。建筑业中人工智能技术应用已经比较广泛。例如，人工智能技术已在建筑工程管理中的施工图生成和施工现场安排、建筑工程预算、建筑效益分析等环节应用。目前比较流行的基于 C/S 环境开发的建筑施管理系统涵盖了施工人员管理、施工进度管理、分包合同管理等方面，使工程管理工作得到了进一步的细化。

5G 网络的大带宽、海量连接以及低时延、高可靠特性将为建造业走向智慧化提供必要的条件。5G 网络与智慧建造的融合场景分析：

1）包括人员/车辆/设备设施管理。项目现场在人员/车辆/设备设施管理上主要有出入管理，现场画面监控回传，实施通信、面向安全的人员位置管理，巡检现场质量安全问题、识别警示等常规性管理。传统的现场监控由于需要布线存在诸多不便，且存在线缆断裂风险，且对人员/车辆/设备设施不能实时地保持连接沟通，对于现场施工存在人/车/施工设施之间的协同问题产生的安全风险管控能力弱，进入施工危险区域时往往不能实时监控。利用5G网络的大带宽，通过更多灵活的视频监控设备、安全帽、车连设施的感应监控器件协同进行精准识别，以及使用电子围栏综合定位人员/车辆等的实时位置，对进入风险区域进行提示、预警等，降低人员、车辆的安全风险。

2）塔式起重机管理。塔式起重机的安全管理是项目现场的重点管理，一般有三个安全管理点：①拆装是事故的多发阶段；②运行阶段的安全距离；③塔式起重机安全装置的完好与灵敏可靠。塔式起重机拆装必须由具有资质的拆装单位和人员进行作业，存在对人员验证的需求；运行阶段需要对塔式起重机司机的身份进行核验，利用5G网络的大带宽，进行视频验证信息核对，对人员的身份进行管控，可进行强有力的支撑；塔式起重机启动和运行中必须能反馈，塔式起重机的起重力矩限制器、起重量限制器、高度限位装置、幅度限位器、回转限位器、吊钩保险装置、卷筒保险装置、风向风速仪、钢丝绳脱槽保险、小车防断绳装置、小车防断轴装置和缓冲器等安全装置处于可监控状态；5G物联网的大连接，结合现代化的塔式起重机设备，通过视频监控，准确地测算与周边环境的距离，可满足整体塔式起重机安全管理的要求。

2.3.5 数字化

在大数据技术从建造之初的规划、设计到后期的运营等过程中，会产生大量的造价、材料、建筑、工艺等方面的数据，各类数据汇集，使得建筑业本身成为一个庞大的数据载体，大数据技术的核心价值就在于挖掘数据的潜在价值，为建筑决策提供真实可靠的数据依据。例如，在规划阶段，大数据可以根据建筑周边人口密度、人口分布、人口流向等，合理划分出商业、住宅等功能区域，作为建筑选址的有力依据；在运维阶段，借助大数据分析则可实现预测、预警、规划和引导，使建筑设备保持安全使用状态，建筑环境舒适度得到调整。

BIM技术是以三维数字技术为基础，集成工程设计、建造、运维等项目全过程各种相关信息的工程数据模型。BIM技术是建筑业从二维向三维、从图形向数据转换的一次重大的技术革命。相比传统的设计和施工建造流程，信息化模型能有效控制建设周期、减少错误发生。而从长远利益看，BIM技术应用的好处远不止设计和施工阶段，还会惠及将来的建筑物运行、维护和设施管理。对工程的各个参与方来说，可减少错误、缩短工期、降低建设成本。目前BIM技术主要在施工阶段应用较多，主要内容有：三维模型渲染、VR宣传展示、模拟施工方案、"错漏碰缺"检查、减少返工率等。未来，BIM将在设计和运维阶段中发挥出新的作用，如BIM与GIS技术、BIM与VR技术的集成应用，它将为建筑设计带来更丰富的维度信息。

思 考 题

1. 智能建造技术的内涵是什么?
2. 简述智能建造总体技术架构。
3. 简述智能建造管理平台技术架构。
4. 简述智能建造的主要特征。

第 3 章

智能建造相关技术

导语

　　本章将具体介绍智能建造相关技术，阐述智能建造融合其他专业的新模式，着重介绍了智能建造与 BIM 技术、智能建造与 GIS 技术、智能建造与物联网技术、智能建造与数字孪生技术、智能建造与云计算技术、智能建造与大数据技术、智能建造与 5G 技术、智能建造与区块链技术、智能建造与人工智能技术、智能建造与虚拟现实技术、智能建造与 3D 打印技术、智能建造与三维激光扫描技术、智能建造与数字测绘技术、智能建造与建筑机器人技术，来探索智能建造与它们相结合的应用模式，为智能建造专业的发展提供参考。

■ 3.1　技术背景

　　互联网、物联网、大数据和人工智能等深刻改变了人们的生活、生产方式及社会组织形态，给我国的工业体系带来了巨大改变。新一轮工业革命席卷全球，德国提出了工业 4.0，美国提出了工业互联网，与此同时，中国提出了《中国制造 2025》。2020 年住房和城乡建设部等 13 个部门联合印发的《关于推动智能建造与建筑工业化协同发展的指导意见》指出，要以大力发展建筑工业化为载体，以数字化、智能化升级为动力，创新突破相关核心技术，加大智能建造在工程建设各环节应用，形成涵盖科研、设计、生产加工、施工装配、运营等全产业链融合一体的智能建造产业体系。

　　智能建造是设计、生产、施工一体化的建造体系，通过"智能+"，提升建造质量和建造产品的品质，实现建造行为精益优效、节能排污，提供安全、绿色、舒适的建造产品。

　　智能建造充分利用智能技术和相关技术，实现建造技术的提升，以 BIM 技术为核心，将物联网、GIS 技术、数字孪生、云计算、大数据、人工智能、5G、区块链与虚拟现实等新一代信息技术，与勘察、规划、设计、施工、运维、管理服务等建筑业全生命周期建造活动的各个环节相互融合，全面提升建造技术的水准（见图 3-1）。采用智能系统，实施人机协同的施工，通过大数据和人工智能算法，建立智能建造控制平台作为控制大脑，根据信息分析进行判断和决策；构建泛在感知和 5G 系统作为神经系统，感知信息和传达信息；基于人机协同环境，制订施工技术方案；智能装备、自动化机械和人协同工作，实现建造控制系统的各种指令；最终，实现具有信息深度感知、自主采集与迭代、知识积累与辅助决策、工厂化加工、人机交互、精益管控的建造模式。

图 3-1　智能建造技术

■ 3.2　智能建造与 BIM 技术

　　基于 BIM 技术所创建的三维建筑信息模型，是实现智能建造的重要基础。BIM 是建筑信息模型（Building Information Modeling）的缩写。BIM 技术以多种数字技术为依托，建立了建筑信息模型，以此作为各个建筑项目的基础进行各项相关工作。建筑工程与之相关的工作都可以从这个建筑信息模型中取得各自需要的信息，既可指导相应工作，又能将相应工作的信息反馈到模型中（见图 3-2）。

　　BIM 不是简单地将数字信息进行集成，它是一种将数字信息应用于设计、建造、管理的数字化方法，这种方法支持建筑工程的集成管理环境，可以使建筑工程在整个进程中显著提高效率，大幅度降低风险。在建筑工程全生命周期中，用 BIM 来实现集成管理，这一模型既包括建筑物的信息模型，又包括建筑工程管理的行为模型，是建筑物信息模型同建筑工程管理行为模型的完美融合。

　　当前建筑业已普及了计算机辅助设计技术。CAD 的引入解决了计算机辅助绘图的问题，但 BIM 与 CAD 不同，它具有五个特点，BIM 技术具有可视化、协调性、模拟性、优化性、可出图性等特点，为建筑生命全周期提供了一种有别于传统的高效模式。

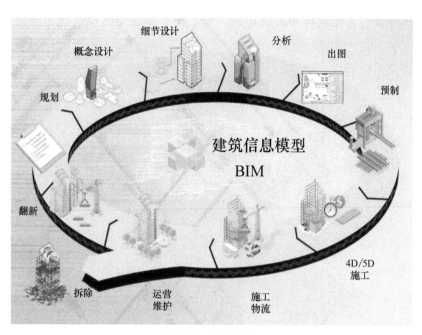

图 3-2　BIM 技术

1. 可视化

BIM 提供了可视化的思路，将以往线条式的构件形成一种三维的立体实物图形，并将它展示在人们的面前（见图 3-3）。BIM 的可视化是一种能够同构件之间形成互动和反馈的可视，在建筑信息模型中，由于整个过程都是可视化的，可视化的结果不仅可以用来展示效果图及生成报表，更重要的是，项目设计、建造、运营过程中的沟通、讨论、决策都会在可视化的状态下进行。

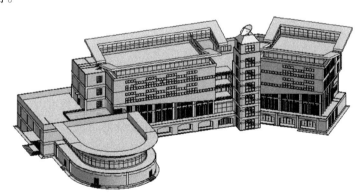

图 3-3　可视化

2. 协调性

BIM 可在建筑物建造前期对各专业的空间碰撞问题进行协调，当然 BIM 的协调作用并不是只能解决各专业间的碰撞问题，它还可以解决如电梯井布置与其他设计布置及空间协调、防火分区与其他设计布置之协调、地下排水布置与其他设计布置之协调等（见图 3-4）。

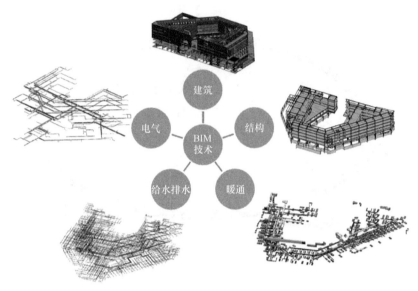

图 3-4　协调性

3. 模拟性

BIM 可以对设计上需要进行模拟的一些项目进行模拟试验，如节能模拟、紧急疏散模拟、日照模拟、热能传导模拟等；在招标投标阶段和施工阶段可以进行 4D 模拟（三维模型加项目的进度管理），也就是根据施工的组织设计模拟实际施工，从而确定合理的施工方案来指导施工，还可以进行 5D 模拟（基于 3D 模型的造价控制），从而实现成本控制；后期运营阶段可以模拟日常紧急情况的处理方式，如地震人员逃生模拟及消防人员疏散模拟等。

4. 优化性

建筑信息模型提供了建筑物实际存在的信息，包括几何信息、物理信息、规则信息，还提供了建筑物变化以后的实际存在的信息。当复杂程度高到一定程度时，参与人员本身的能力无法掌握所有的信息，必须借助一定的科学技术和设备的帮助。现代建筑物的复杂程度大多超过参与人员本身的能力极限，BIM 及与其配套的各种优化工具提供了对复杂项目进行优化的可能。

5. 可出图性

BIM 可对建筑物进行可视化展示、协调、模拟、优化，可以帮助业主绘制出综合管线图、综合结构留洞图和碰撞检查侦错报告，并给出建议改进方案。

作为智能建造的代表性技术，BIM 技术被应用在设计、施工、运维的建筑全生命周期中，具体应用如下：

（1）BIM 技术在建筑设计中的应用 要建筑工程智能化的首要任务是将 BIM 技术运用于建筑设计中。在 BIM 平台搭建完毕后，专业人员首先提前抵达建筑场地勘察收集现场数据，然后整理现场数据并录入已搭建的 BIM 平台数据库内，最后开始 BIM 建模工作。BIM 技术在建筑设计中的应用流程如图 3-5 所示。

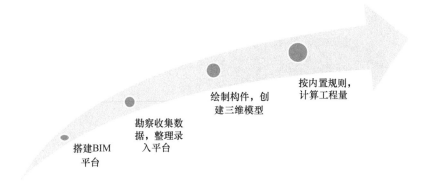

搭建BIM
平台

勘察收集数据，整理录入平台

绘制构件，创建三维模型

按内置规则，计算工程量

图 3-5 BIM 技术在建筑设计中的应用流程

基于 BIM 技术的三维建模软件可采用以下两种方式对模型进行创建并计算工程量：

1）通过人工的方式绘制建筑所需基础构件，如柱、梁、板等，同时按照勘测数据输入相关构件参数，软件即可自动建成整栋楼的建筑模型，并按照内置清单和定额计算规则，计算工程量（见图 3-5）。

2）通过将工程图导入三维建模软件，智能识别图中建筑基础构件，定义构件参数后即可进行计算机仿真，计算工程量。

在规划设计环节中也能运用 BIM 技术，如根据住宅区周边环境得出建筑信息模型的模拟数据，以规划整体布置方案并创建出更合适场地地形的全面建筑模型。

（2）BIM 技术在质量管理中的应用 BIM 技术能够基于建筑项目施工图完成对建筑场地的快速仿真，实现 3D 可视化技术交底。项目相关人员能基于此完成对施工现场的全方位分析，预知可能发生的质量管理问题，对项目存在的风险提前进行研究，做好相关应对措施，保证施工质量达到既定工程要求。BIM 技术主要通过对人为因素、材料因素、机械因素、方法因素和环境因素的把控来保证工程质量。

施工材料的控制是项目质量管控的重要环节之一。对于一个项目而言，施工所需材料十分繁杂及庞大，错误、不合理地使用都会引起严重的后果。采用 BIM 技术一方面可以对物料信息（包括具体材料参数、合格信息、来源等）进行详细记录，为后续工程检查提供重要依据，另一方面可以对不同种类材料进行有效划分，为工人提供施工方法，保证材料的正确、合理使用。

运用 BIM 三维碰撞监测技术可以对机械因素进行有效控制。通过三维仿真建筑模型对工程中机电安装、建筑构件等进行碰撞检测，发现二维图中较难观测出的技术问题，并予以优化调整，提高施工质量。运用三维碰撞检测技术还能够有效地改良项目、管道线路布控的方案，更好地提高项目规划的智能化水平。BIM 管线碰撞检测示例如图 3-6 所示。

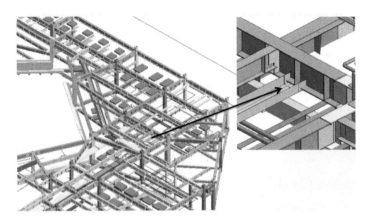

图 3-6 BIM 管线碰撞检测示例

外界环境对施工管理随时会起到不确定的影响，通过将项目周边因素录入建筑信息模型，如交通、地理、环境等信息，模型可反映建筑项目的真实情况，模拟可能存在的变化，预知项目风险，为工程的顺利高效实施奠定坚实的基础。

利用 BIM 技术对施工质量进行管控，通过对现场施工情况进行勘察，收集、整理施工质量信息，将这些信息导入 BIM 信息平台，平台会自动基于前期设置的质量计划方案进行比对验证，发现问题时会第一时间反馈给项目各单位，及时做出应对措施，防止意外发生。

（3）BIM 技术在资源调配中的应用   BIM 技术对于建筑业整体的节能环保具有非常重要的作用。建筑信息模型可以模拟在整个建设过程之中的各方情况，使建筑节能设计有一个综合的解决方案，能够对自然资源进行合理配置，使工程的整体经济效益得到提升。依托建筑信息模型，资金使用计划、人工消耗计划、材料消耗计划和机械消耗计划可以得到合理安排（见图 3-7）。在建筑信息模型的基础上编制进度计划，赋予时间信息可得到 4D 模型，基于 4D 模型进行施工进度仿真模拟，模拟过程中各施工工序与横道图滚动同步进行，项目人员可以从中得知任意时间段各项工作量的完成度，分析项目施工计划，合理安排各项工作。在 4D 模型基础上引入造价成本，可得到 5D 模型，以便业主制订资金使用计划。

在传统的建设过程之中，尤其是具体的施工过程之中，各个部门如果没有进行妥善的管理，往往会出现分歧，不能达到良好的分工协作功效。BIM 技术有云数据库，每个部门都需要将自己工作的相关数据上传至数据库，而且所有部门的数据资源都是共享的，这就大大降低了每个部门之间协作的难度。资源实时共享能够使资源得到合理配置，尽可能降低资源的浪费，提升企业的经济效益。

（4）BIM 技术在安全与环境管理中的应用   引入物联网、GIS 等技术，并将建筑信息模型结合 VR 设备，可建立多角度的建筑物漫游模式，再以特定的形式标记一般危险源与重大危险源，在项目开展过程中可实现对重大安全危险源的辨别。

以往工人们对安全技术交底的接受程度不高，很大程度上归因于安全负责人员只能通过图样来进行描述，无法准确地传达意图，安全交底的效果不强。BIM 技术为安全技术交底带来了更多、更直观、更好理解的方式，以动态漫游、三维模拟、虚拟施工等方式代替传统的

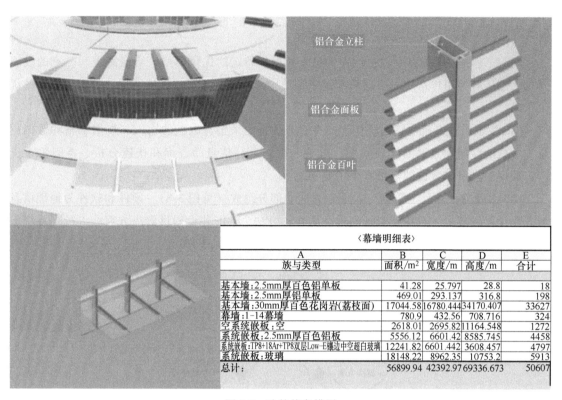

铝合金立柱

铝合金面板

铝合金百叶

〈幕墙明细表〉

族与类型	A	B 面积/m²	C 宽度/m	D 高度/m	E 合计
基本墙:2.5mm厚百色铝单板		41.28	25.797	28.8	18
基本墙:2.5mm厚铝单板		469.01	293.137	316.8	198
基本墙:30mm厚百色花岗岩(荔枝面)		17044.58	16780.444	34170.407	33627
幕墙:1-14幕墙		780.9	432.56	708.716	324
空系统嵌板:空		2618.01	2695.82	11164.548	1272
系统嵌板:2.5mm厚百色铝板		5556.12	6601.42	8585.745	4458
系统嵌板:TP8+18Ar+TP8双层Low-E镶边中空超白玻璃		12241.82	6601.42	3608.457	4797
系统嵌板:玻璃		18148.22	8962.35	10753.2	5913
总计:		56899.94	42392.97	69336.673	50607

图 3-7　建筑信息模型

图文描述，让工人们提前熟知操作要点，了解现场情况，保证安全技术交底的顺利实施。

在环境问题日益凸显的大背景下，施工环境保护越来越重要，施工环境管理不仅包括场地内部的管理，还包括对外部环境的影响。将 BIM 平台与智能 APP 结合起来，实现施工环境的动态管理，通过现场拍照或者视频监控，对各种因素进行实时观测记录，出现问题及时反馈、解决。

（5）BIM 技术在建筑运维管理中的应用　BIM 技术在建筑智能化中有着建筑全生命周期的信息集成管理，而运营阶段在全生命周期中又是最长的。运营阶段的管理又分为设备维护、资产可视化信息管理、安全管理等。将 BIM 技术和设备管理系统相结合，使系统能准确地记录下每个设备的信息，管理人员既能实时地观察设备的状况，提前维护，预防故障，同时降低维护费用，又能安排具体的周期性维护方案。

3.3　智能建造与 GIS 技术

地理信息系统（GIS）技术为智能建造的精确性奠定了基础，它能有效定位实体构件，将实体建筑与建筑信息模型联系在一起，并统筹资源、能源、生产、资金等空间综合配置。

1. 概念

GIS 技术的位置分配原理：地理信息系统根据特定的优化模型、给定需求和已有的设施分布，先从有关用户指定的系列候选设施选址中选出指定数目的设施选址，再实现设施的优化布局。

GIS 技术由计算机网络系统作为支撑，有数据的采集与数据的输入、数据编辑和数据更新、数据的存储和数据的管理问题、对某一空间进行信息的查询和快速分析、空间决策支持、数据的显示与数据的输出 6 个主要功能。

GIS 由硬件、软件、数据、人员和方法 5 部分组成（见图 3-8）。硬件和软件为地理信息系统建设提供环境；数据是 GIS 的重要内容；方法为 GIS 建设提供解决方案；人员是系统建设中的关键和能动性因素，直接影响和协调其他几个组成部分。

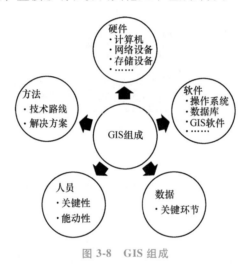

图 3-8 GIS 组成

2. GIS 在智能建造中应用

地理信息系统最具有特色的地方就是拥有不单一的 3D 信息显现和监管的功能。在某种程度上，地理信息系统给人们提供了一些在生活中非常实用的、异常灵敏的功能，这个无疑是其他的工程所不能比拟的。

利用三维 GIS 技术在地面数据模型上提取相关信息，并通过三维 GIS 软件进行转换，以便满足工程所需数据模型。

（1）资源清查与管理　GIS 的主要任务是将各种来源的数据和信息有机地汇集在一起，通过 GIS 软件生成一个连续无缝、功能强大的大型地理数据库，该数据环境允许集成各种应用，如通过系统的统计、叠置分析等功能，按照多种边界和属性条件，提供区域多种条件组合形式的资源统计和资源状况分析，最终用户可通过 GIS 的客户端软件直接对数据库进行查询、显示、统计、制图及提供区域多种组合条件的资源分析，为资源的合理开发利用和规划决策提供依据。以土地利用类型为例，可输出不同土地利用类型的分布和面积、按不同高程带划分的土地利用类型、不同坡度区内的土地利用现状及不同类型的土地利用变化等，为资源的合理利用、开发和科学管理提供依据。例如，我国西南地区国土资源信息系统设置了数据库系统、辅助决策系统和图形系统三个功能子系统，存储了 1500 多项，300 多万个资源数据。该系统提供了西南地区的一系列资源分析与评价模型、资源预测预报及资源合理开发配置模型。该系统可绘制草场资源分布图、矿产资源分布图、各地县产值统计图、农作物产量统计图、交通规划图及重大项目规划图等不同的专业图。

（2）区域规划 区域规划具有高度的综合性，涉及资源、环境、人口、交通、经济、教育、文化、通信和金融等众多要素，要把这些信息进行筛选并转换成可用的形式并不容易，规划人员需要切实可行的技术和实时性强的信息，而 GIS 能为规划人员提供功能强大的工具。

1）规划人员可利用 GIS 对交通流量、土地利用和人口数据进行分析，预测将来的道路等级。

2）工程技术人员可利用 GIS 将地质、水文和人文数据结合起来，进行路线和构造设计；

3）GIS 软件的空间搜索算法、多元信息的叠置处理、空间分析方法和网络分析等功能，可帮助政府部门完成道路交通规划、公共设施配置、城市建设用地适宜性评价，商业布局，区位分析，地址选择，总体规则，现有土地利用，分区一致性，空地、开发区和设施位置等分析工作，是实现区域规划科学化和满足城市发展的重要保证。

我国大、中城市居多，为保证城市可持续发展，加强城市规划建设，实现管理决策的科学化、现代化，根据加快中心城市规划建设和加强城市建设决策科学化的要求，利用 GIS 作为城市规划管理和分析的工具具有十分重要的意义。

（3）灾害监测 借助遥感监测数据和 GIS 技术可有效地进行森林火灾的预测预报、洪水灾情监测和洪水淹没损失的估算及抗震救灾等工作，为救灾抢险和决策提供及时、准确的信息。例如，根据对我国大兴安岭地区的研究，通过普查分析森林火灾实况，统计分析十几万个气象数据，从中筛选出气温、风速、降水、温度等气象要素以及春、秋两季植被生长情况和积雪覆盖程度等 14 个因子，采用多因子综合指标法建立模糊数学计算模型，预报森林火险等级的准确率可达 73% 以上。又如，黄河三角洲地区防洪减灾信息系统，在 Arc/Info GIS 软件支持下，借助大比例尺数字高程模型，加上各种专题地图（如土地利用、水系、居民点、油井、工厂和工程设施及社会经济统计信息等），通过各种图形叠加、操作、分析等功能，可计算出若干个泄洪区域及它们的面积，比较不同泄洪区域内的土地利用、房屋、财产损失等，最后得出最佳的泄洪区域，并制订整个泄洪区域内的人员撤退、财产转移和救灾物资供应等的最佳运输路线。

此外，RS 与 GIS 技术在抗震救灾中也有广泛应用。我国是地震多发国家之一，为了尽可能减少在未来地震中的生命和财产损失，必须建立一套地震应急快速响应信息系统。GIS 技术作为该系统的基础，在平时建立起来的地震重点监视防御区的综合信息数据库和信息系统的基础上，一旦发生大地震，就可借助 RS 和 GIS 技术迅速获取震区的各种信息，经过快速处理来获得地震灾害的各种信息，以便实现对破坏性地震的快速响应，防震减灾、应急对策建议的即时生成，各种震情、灾情、背景、方案信息的可视化图形展示。这些信息不仅可为抗震救灾的部署提供重要依据，还可为各种救灾措施的实施提供信息支持，以提高抗震救灾的效率，最大限度地减轻地震造成的损失。GIS 技术在地震中的具体应用包括应急指挥、灾害评估、辅助决策、地震灾害预测等。

■ 3.4 智能建造与物联网技术

智能建造所涉及的事物是方方面面的，利用物联网技术可以形成人物、物物相连的互联网络。借助传感手段和相关设备，可以完成对物体的智能识别，并依托网络进行计算、处理、传输、互联，实现人物、物物信息交互和无缝连接，利用感知技术、拓展、网络延伸，智能装置感知识别通信网和互联网，并且依次实现对物理世界的精确管理、实时控制、科学决策。

1. 概念

从定义来看，物联网就是物与物之间相连的网络。物联网最初是指实实在在的物体或物品，借助传感手段和相关的一些设备，有效实现和因特网的连接，以便完成对物体智能化的识别并实现管理的一种新型的网络。在信息技术发展迅猛的今天，物联网的定义也不断发生着变化。"万物的连接形成了物联网"这一定义很好地总结了网络对时间、地点、任务以及发展的过程。

物联网技术的本质是人工智能、感知技术、现代网络技术及自动化技术的有机结合体。物联网技术有效地实现了物物、人物互联，营造了科技化、智能化、一体化、系统化的智能世界。

物联网的广泛运用为相关的行业在一定程度上提供了新的思路、理念及工作方法。通过运用物联网技术，"物"也具有了智慧，"智慧地"为人类服务。物联网是对现实中的物与物进行的智能化、系统化和网络化过程。物联网技术把网络技术、感知技术和人工智能技术进行了有效的整合，并且在一定程度上促进了技术的完善和发展。智能建筑物联网的结构如图 3-9 所示，它包括感知层、网络层和应用层。

2. 物联网的功能特征

物联网有连通性、关联性和智能化的特征。

（1）连通性 连通性就是指：通过相应技术（如感应技术、智能识别技术、有线或无线网络连接），让所有相关的人、事、物全部处于连通状态，这样才能实现物联网的信息流通。

（2）关联性 传统意义上的互联网实现网络交流的方式是在遵循网络协议的前提下，

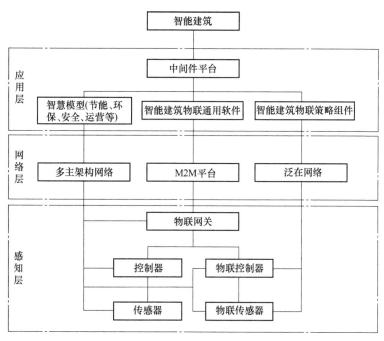

图 3-9 智能建筑物联网的结构

以计算机技术对计算机等设备进行关联。但是这种方式在如今看来已经有了局限性，要实现物联网上虚拟网络世界和现实世界相连，就需要在条形码、影像技术、传感器等设备的帮助下，将不同物体通过互联网相连，达到物物相连的程度。

（3）智能化 物联网最主要的发展目标就是让现实世界向着智能化方向转变，让人们的生活、工作更加方便、快捷。物联网智能化技术的内涵就是以无线传感技术、自动控制技术和先进的计算机技术为媒介，实现对事物的完全控制，从而达到为人服务的目的。物联网能帮助人们对周围环境的感知、利用以及做出正确判断并加以控制。

相比传统的智能化系统，物联网系统有如下几大优势：更低的综合造价，更安全、更可靠，更智慧的系统，更个性、灵动的建筑，更舒适的环境，运营更节能，更丰富的想象力。

3. 物联网在智能建造中的具体应用

通过物联网技术可以提升建筑工程在设计、施工、采购、验收等方面的效率和科学性，且当前物联网技术在建筑工程中已经被推广应用，效果也较为显著。对建筑工程以及相关施工流程进行信息化是一种必然趋势，利用无线射频芯片以及二维码等技术就可以对相关构件生产、检验、入库等信息进行记录并追踪，进而保证建筑工程的整体质量。随着物联网芯片技术的进一步发展，可以将相关的射频芯片设置为跟踪芯片对施工过程以及验收工作的信息采集，实现全程监控体系，进而提升工程质量。

从当前技术发展和应用前景来看，物联网在建筑领域的应用主要集中在施工阶段和运维阶段。

（1）物联网在智能建筑施工阶段的应用

1）监控管理。通过物联网技术可以实现对事物和作业的不间断监测以及预知高层建筑、桥梁、隧道、水坝等结构局部的荷载及状况，及时响应突发事件，还可以设计一些通过提供工作活动必需的实时信息来帮助工作人员提高过程意识的智能工具，如以压缩空气为动力的气动路面破碎机能高效完成钢筋混凝土、岩石、沥青的破碎工作，适宜桥梁、道路养护、抢修及拆除的施工作业（见图 3-10）。

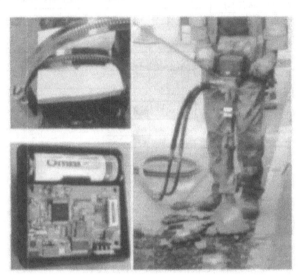

图 3-10　装有传感器的气动路面破碎机

2）施工安全。在施工过程中，施工事故隐患无处不在。基于 BIM 技术的物联网应用可以改善并避免安全生产事故的发生。例如，在临边洞口、出入口防护棚、电梯井口等防护设施上使用无线射频识别标识，并在标签芯片中载入对应编号、防护等级、报警装置等，在与管理中心的系统相对应后，可达到实时监控的效果。

3）技术质量。目前，工程人员依据二维平面图进行工程施工，在施工达到一定阶段时可能会因设计上的不合理或冲突而造成返工。BIM 技术提供的碰撞检测、多维实体分析功能可以在施工阶段的任何时候通过对模型进行检测碰撞分析，从而确保施工合理有序进行。利用物联网技术对工程隐蔽部位放置反映质量参数的感应器，结合 BIM 系统的三维信息技术，可以精准定位到工程的每个关键隐蔽部位，从而检测质量状况是否达到相应的要求。

4）成本控制。工程施工发生实际工程量及工程返工是造成工程成本变化的重要因素。将 BIM 技术和物联网结合，可以根据时间、楼层、工序等维度进行条件统计，制订详细的材料采购计划，并对材料批次标注无线射频标签来控制材料的进出场时间和质量状况，从而避免出现因管理不善造成的材料损耗增加和因材料短缺造成的停工或误工。

（2）物联网在智能建筑运维阶段的应用

1）智能安保。当今建筑物日趋复杂，安保人员对工程建筑并不十分精通，往往会在警力布置上出现安全漏洞。在控制中心模型与物联网无线射频技术的结合下，指挥人员只需为进入场地的人员和安保人员配备相应的无线射频标签，并与系统动态连接，根据三维模型即

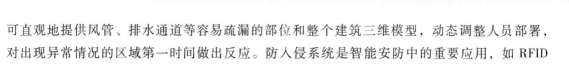

可直观地提供风管、排水通道等容易疏漏的部位和整个建筑三维模型，动态调整人员部署，对出现异常情况的区域第一时间做出反应。防入侵系统是智能安防中的重要应用，如 RFID 芯片、ZigBee、人脸识别、语音识别、智能监控组成的传感网等。

随着无线传感器网络技术的广泛应用，智能家居行业得到了快速的发展，并且在全球开启了计算机、互联网之后的世界信息产业的第三次浪潮。很多的发达国家都在物联网技术研究方面投入了较多的精力，在这种形势下，我国也跟随设计发展趋势，制定了"感知中国"产业发展战略，有效推动了我国物联网技术的快速发展。

其中，ZigBee 作为一项新型的无线通信技术，具有传统网络通信技术所不可比拟的优势，既能够实现近距离操作，又可降低能源的消耗。它的实质是将传感器与互联网充分融合，从而能够完成对物体的感知和远距离控制，这样就可以高效地完成物品之间的信息传递。现如今，ZigBee 技术是整个物联网系统中重要的传感性能基础，它可以十分高效地利用较少的能量来完成接力式的信息数据的传递。ZigBee 技术的突出的特征是能耗低、抗干扰能力强、扩容性强、后期维护效率高等，当下，ZigBee 技术因为它的特点被人们大范围地运用到了公共安防、智慧城市、智能家居系统等多个领域。

2）设备维护。随着物联网技术的发展，各种设备的日常维护维修工作日趋拟人化，可以比较及时地对设备进行检查、维修、更换等。BIM 技术的应用可以将各设备的精确位置和相关参数信息、对应地反映到二维模型的房间的某一位置上。大部分的工作可以通过管理中心的三维模型操作完成，使工作人员的效率进一步提高。

3）资产管理。对于昂贵设备，使用 RFID 技术和报警装置可及时了解盗窃风险，然而，在工作人员赶到事发现场之前，不法分子将有足够的时间逃脱。BIM 信息技术引入后，当贵重物品报警器发出警报时，贵重物品对应的 BIM 追踪器随即启动。通过 BIM 三维模型可以清楚分析出不法分子所在的精确位置和可能的逃脱路线，控制中心只需要在关键位置及时部署工作人员阻截，就可以保证贵重物品不会遗失。物联网资产管理在地铁运营维护中起到了重要作用，同时在一些现代化程度较高、需要大量高新技术的建筑（如大型医院、机场、厂房等）中也应用广泛。

4）节能减排。通过 BIM 结合物联网技术的应用，使得日常能源管理、监控变得更加方便。只要用一个云计算平台，就可以将每个楼的建筑能耗计量与节能管理系统统一起来，形成一个总的能耗计量与节能管理系统。对于错综复杂的家居系统，可根据自己的意愿快速、轻松地控制。通过安装具有传感功能的电表、水表、煤气表，可以实现建筑能耗数据的实时采集，传输，初步分析，定时、定点上传等基本功能，并具有较强的扩展性。在管理系统中，可及时收集所有能源信息，通过开发的能源管理功能模块对能源消耗情况进行自动统计分析，并对异常能源使用情况进行警告或者标识。

4. 无线传感网

无线传感网（Wireless Sensor Networks，WSN）是由多个传感器节点组成的，这些传感器节点具有无线通信和检测功能，通过它们之间的相互协作可以完成数据信息的采集和传输。无线传感器网络并不等于单纯地将原有的传感器通过无线网络连接在一起。它所使用的传感器节点具有许多优点，如体积小、成本低以及耗能低等，并且该网络的节点分布更为密集，并且无线传感网络的网络环境是采用自组织方式的。无线传感器网络被广泛运用在各个领域，尤其是在军事、国防、工业和农业智能化控制、应急救援、野外环境监测、生物医疗技术、物联网智能家居、智慧城市等领域。

5. 时间敏感型网络

随着信息技术（Information Technology，IT）与运营技术（Operation Technology，OT）的不断融合，对于统一网络架构的需求变得迫切。智能制造、工业物联网、大数据的发展，都使得这一融合变得更为紧迫。IT 与 OT 对于通信的不同需求导致了在很长一段时间，融合这两个领域出现了很大的障碍：互联网与信息化领域的数据需要更大的带宽，而对于工业而言，实时性与确定性是问题的关键。这些数据通常无法在同一网络中传输。因此，寻找一个统一的解决方案已成为产业融合的必然需求。时间敏感型网络（Time Sensitive Network，TSN）是目前国际产业界正在积极推动的全新工业通信技术。时间敏感型网络允许周期性与非周期性数据在同一网络中传输，使得标准以太网具有确定性传输的优势，并通过厂商独立的标准化进程，成为广泛聚焦的关键技术。目前，IEEE、IEC 等组织均在制定基于 TSN 的工业应用网络的底层互操作性标准与规范。

TSN 的应用前景非常广阔，目前，它聚焦于以下几个方面：

（1）汽车领域　在汽车工业领域，随着高级辅助驾驶系统（Advanced Driving Assistant System，ADAS）的发展，迫切需要更高带宽和更强响应能力的网络来代替传统的 CAN 总线。IEEE 802.1AVB 就是汽车行业发起并正在执行的标准组。目前，奥迪、奔驰、大众等已经进行基于 TSN 的以太网应用测试与验证工作。2019 年，由三星所发起的汽车产业发展联盟向 TTTech 投资 9000 万美元，用于开发基于以太网的车载电子系统。

（2）工业物联网　工业物联网将意味着更为广泛的数据连接需求，通过机器学习、数字孪生技术更好地发挥数据作用，为整体的产线优化提供支撑。这些数据（包括机器视觉、AR/VR 数据）将需要更高的带宽。因此，来自于 ICT 领域的 CISCO、华为等厂商都将目标聚焦于通过 OPC UA over TSN 的网络架构来实现这一互联需求。OPC UA 扮演了数据规范与标准的角色，TSN 则赋予它实时性的传输能力。这样的架构可以实现从传感器到云端的高效连接，在很多场景可以直接省略掉传统工业架构中的控制器层，形成一个新的分布式计算架构。

（3）工业控制　目前，在工业领域，包括三菱、西门子、贝加莱、施耐德、罗克韦尔等主流厂商已经推出基于 TSN 的产品。贝加莱推出新的 TSN 交换机、可编程逻辑控制器（PLC），而三菱则采用了 TSN 技术的伺服驱动器。未来，TSN 将成为工业控制现场的主流总线。对于工业而言 TSN 的意义并非实时性，而是通过 TSN 实现了从控制到整个工厂的连接。TSN 是 IEEE 的标准，更具有"中立性"，因而得到了广泛的支持。未来，TSN 将会成为工业通信的共同选择。

■ 3.5　智能建造与数字孪生技术

在新型基础设施建设（简称新基建）的背景下，数字化场景的构建是新基建的核心要求之一，数字孪生模型是物理基础设施的数字化重现，将催动更多新的场景应用和产业链。在建设领域，建筑信息模型是主要的工具之一，同时，数字化仿真模拟等工具的应用也是数字孪生技术的重要外在体现。

1. 概念

数字孪生（Digital Twin）的概念最早是由密西根大学的 Michael 教授于 2002 年提出的，具体是指将物理实体通过仿真模拟映射到虚拟空间中，并构建能够实现信息交互的数字孪生模型，通过传感器进行数字感知，并依靠技术集成，实现虚拟空间的数据交互和实体数据的映射，建立数字化的分析模型，通过一系列的分析计算，最终通过实体基础设施中的驱动器发布执行指令，转变成生产和运营的活动。

数字孪生提供了一种独特的方式来反映数字世界中的物理实体的形状、位置、状态和运动，加上感官数据采集、大数据分析、人工智能和机器学习，数字孪生技术可用于系统实施过程中的监视、诊断、预测和优化。通过物理世界和虚拟世界的融合，数字孪生提供了一种实现网络与物理集成的独特方法。这一概念已为越来越多的企业所采用。实体及其数字化表示通过交互作用进行交流、促进和共同发展。通过各种数字化技术，将实体的行为、物理世界的关系数字化并创建高保真的虚拟模型。这样的虚拟模型依赖于从物理世界下的真实世界数据配置实时参数、临界条件，并随相应的物理实体状态更新，通过评估进行中的状态、诊断历史问题以及预测未来趋势。

数字孪生下的物理实体、虚拟模型、孪生数据、智能服务与连接等子模块需要多种技术支持。对于物理实体和物理世界的充分理解是数字孪生的前提。在此基础上将物理实体和过程映射到虚拟空间，以使模型更准确，更接近实际。对于虚拟模型，各种建模技术至关重要。虚拟模型的准确性直接影响孪生的有效性。因此，必须通过验证和认证技术对模型进行验证，并通过优化算法对其进行优化。此外，仿真和追溯技术可以实现质量缺陷的快速判断和可行性验证。由于虚拟模型必须随着物理世界中的不断变化而进行动态更新，因此需要模型演化技术来驱动模型的更新。在孪生的实际进行阶段，传感器会生成大量数据。为了从原始数据中提取有用的信息，高级数据分析和融合技术是必要的，该过程涉及数据收集、传输、存储、处理、融合和可视化。

与 BIM 技术不同的是，数字孪生技术更注重对施工现场的仿真和实时监控。利用 BIM 技术进行场地建模，构建建筑实体的"数字孪生"，使其设计、模拟和优化均可在数字模型中反复分析和推演，不受时间和空间的限制，直到达到最优方案后再实施。基于数字孪生的智能建造方法框架如图 3-11 所示。

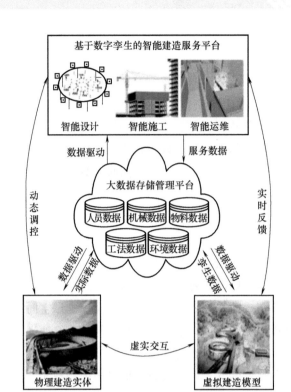

图 3-11　基于数字孪生的智能建造方法框架

2. 应用

将数字孪生技术引入智能建造过程中，可以有效提高施工效率，降低错误的发生率和提高施工质量，提升建造过程的信息化和智能化程度，推动智能建造的转型升级。

基于数字孪生的智慧建筑集成系统的一个突出趋势是共享化。在共享智慧建筑集成系统领域，设施、工具、信息、数据、服务等都可以通过共享平台和共享模式实现共享和交换，从而使得以上资源加速流转，发挥更大作用，取得更大经济效益。共享模式是破解资源短缺、实现高效发展的重要途径，无论是体量还是运营模式及种类，智慧建筑系统集成领域都存在极大的发展空间。

数字孪生作为实现智能建造的关键技术，能够实现虚拟空间与物理空间的信息融合与交互。因此，结合建筑工程复杂、要素信息多的特点，参考陶飞等构建的数字孪生五维模型，本书提出基于数字孪生的智能建造多维模型，如式（3-1）所示。

$$M_{BDT} = (B_{PE}, B_{VE}, B_{SS}, B_{DD}, B_{CN}) \tag{3-1}$$

式中，M_{BDT} 是智能建造参考架构；B_{PE} 是物理建造实体；B_{VE} 是虚拟建造模型；B_{SS} 是面向建筑全生命周期的智能建造服务；B_{DD} 是建造对象全生命周期数据；B_{CN} 是各模块之间的连接。

数字孪生建筑（DTB）可看作数字孪生系统在建筑载体上的一个具体实现。数字孪生建筑是指综合运用 BIM、GIS、物联网、人工智能、大数据、区块链、智能控制、系统仿真、工程管理等数字孪生技术，以建筑物为载体的建筑信息物理系统。数字孪生建筑的目标是实现建筑规划、设计、施工、运营的一体化管控，绘制智慧建筑系统集成"一张图"，构建智能建筑集成管理"一盘棋"，打造建筑产业服务"一站式"。数字孪生建筑为建筑产业现代化提供了新思维和新方法，也为建筑智能化由工程技术向工程与管理融合转变开辟了新途径。建筑数字孪生系统可分为建筑物理孪生体和建筑数字孪生体两部分，对应建筑物理空间和建筑信息空间，以数据为纽带实现建筑信息物理系统的集成，以控制算法与模型为核心实现虚实建筑空间的知识交互与迭代优化。数字孪生及数字孪生建筑包括7大要素，可抽象为：物理空间、数字空间、数据、模型、控制、管理、服务。

现实中，要求建筑数字孪生体能够综合指挥并动态优化物理建筑的全生命周期工程，因此必须首先开发建筑仿真与控制系统。建筑仿真与控制系统包括软件和硬件两个方面，采用的核心技术是计算机辅助设计、系统仿真、自动控制及系统集成。仿真系统的建立包括概念建模、仿真设计、计算机与数学仿真、物理建模与试验、半实物仿真与验证、系统集成等关键步骤。

数字孪生有两个应用维度，一个是强调物理特性的几何模型，另一个是强调数字应用的管理模型，两者结合，才能将数字孪生的概念发挥出最大的效能。一般运维阶段的数字应用依靠大数据、物联网等技术进行建筑物空间、资产、设备、能源等管理。

要实现施工过程的数字孪生，需要将施工现场"人、机、料、法、环"5大要素的信息进行采集和管理，依靠交互、感知、决策、执行和反馈，将信息技术与施工技术深度融合与集成，实现建造过程的真实环境、数据、行为3个透明，推进施工现场的管理智慧化、生产智慧化、监控智慧化、服务智慧化。

■ 3.6 智能建造与云计算技术

智能建造是建立在信息化的基础上的建造形式，会产生大量的数据，云计算技术可以高效、快捷地对所产生的数据进行计算分析。

1. 概念

云计算技术是建立在计算机网络技术的基础之上的一种超级计算模式，在远程的数据中心里有成千上万台计算机和服务器连成云。因此，云计算的计算能力非常强大（拥有每秒10万亿次的运算能力），可以立刻对人们的各项命令做出正确的判断。用户可以通过计算机、手机等方式接入数据中心，按照自己的需求进行运算。

用户通过物联网将计算机与数据中心相连，不需要安装太多的程序，也不需要留大量的磁盘空间，就可以下载大量的数据。网盘就是云计算的一种模式体现。

在建筑物中，每个设备、物体可采集的信息量巨大。随着技术的进步，为了适应管理的需求，建筑物中可能被传感器、数据采集装置所包围，数据量会进一步加大。这些数据量仅是单纯的数据，还不能成为信息、变得智能，甚至没有管理价值或商业价值，还需要进一步被加工处理。如此大的数据量，普通的计算方式根本无法满足需求。

通过云计算技术，可以将感知后的信息放在云端服务器上进行处理，管理人员随时随地可以使用任何网络设备及多种方式，例如浏览器、桌面应用程序或者是移动应用程序来使用访问云的服务，大大提升数据处理的速度。对于企业而言，可以更快地部署应用程序，降低管理复杂度及维护成本，同时 IT 资源可以迅速再分配以适应企业需求的变化。云计算环境搭建如图 3-12 所示。

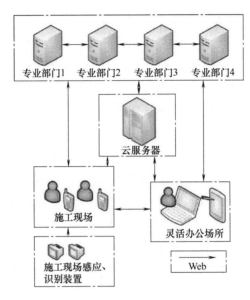

图 3-12　云计算环境搭建

为了充分发挥物联网技术在工程施工协同管理过程中的作用，需要对工程施工协同管理的管理机制进行再设计，将常见的物联网体系架构融入协同管理机制中（见图 3-13）。由管理层进行岗位划分、权限设置以及制定各项管理指标，下发至各专业岗位落实并开始工作；由各专业岗位按照既定职责进行模型建立、进度编排、成本预算等工作，将数据上传至云加密存储层，根据权限可进入云加密存储层调用所需项目信息，同时，为了施工现场下发施工管理任务，由现场控制处理层进行任务接收和指标监督控制；在项目建设过程中，利用物联网技术先进的现场感知设备组成的施工现场感应层，对施工过程中的劳务人员、材料、实际进度、质量和安全进行监控和数据采集，再通过数据传输层将数据传送至加密存储层，供各专业岗位查看和调度数据以及调整施工计划。

2. 云计算的具体特征

1）大规模，云计算服务具有强大的网络接入能力，分布在各地的传感器数据都可以便捷地上传至云服务数据中心，可快速进行资源扩缩，有效地对资源进行整合。

2）虚拟化特征，能够扩展服务，资源池化管理。

3）具有先进的存储技术，让使用者可随时随地使用，并按照不同时段和不同用量来判

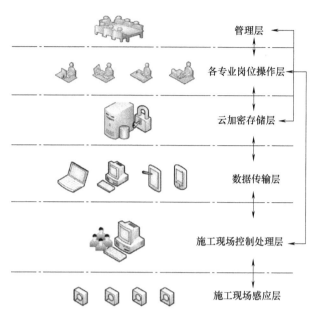

图 3-13 云计算环境下基于 BIM+物联网协同管理机制

定数据价值。

4）自助式服务，通过云计算集成的 AI 和大数据处理能力，很好地充当了"大脑"的角色，能够从收集到的实物信息中分析出潜在规律并给终端设备发送指令，使物联网所连接的设备具备自助获取服务"意识"。

3. 云计算在智能建造中的应用

基于云计算强大的计算能力，可以将 BIM 应用中计算量大且复杂的工作转移到云端，从而提升计算效率；基于云计算的大规模存储能力，用户的建筑信息模型及其相关的业务数据能够同步到云端，方便随时随地访问并与协作者共享；此外，通过将 BIM 应用转换为云服务，BIM 技术能够走出办公室，用户在施工现场就能通过移动设备随时连接云服务，及时获取所需的 BIM 数据和服务等。

（1）基于云计算的数据分布式存储 一个典型的云平台架构如图 3-14 所示，该架构由一系列的存储及分析集群组成，每个集群均可面向业主、总包或其他参与方提供数据存储与数据处理等功能。每个集群一般又包含元数据模型和基于 NoSQL 数据库的数据存储单元两部分，其中元数据模型用于定义数据的类型、组织结构、分布方式等，数据存储单元则是基于元数据所定义的格式储存大量的工程数据。通过这种方式，可充分利用云平台各节点的计算与数据处理能力，提高数据处理、分析的速度。

（2）基于云计算的数据权限控制 在权限控制方面，各个参与方对己方产生的数据具有完全的编辑权，而对其他参与方所有的数据只有查看权。一个特定的 BIM 服务器（见图 3-15）中存储的数据可分为自有数据和外来数据，其中自有数据是己方拥有所有权和编辑权的数据，其最高权限为读/写权限。自有数据又可分为保密数据和共享数据，其中保密

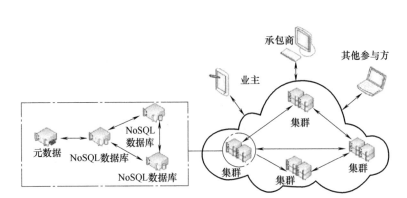

图 3-14　基于云计算的 BIM 服务器结构

数据仅存在于己方服务器中，其他参与方无法获取其任何信息。设定为共享的数据会在平台管理服务器的全局索引服务中注册，其他参与方可以查看，并且根据各参与方定义的数据需求获取数据的副本，并存储在服务器中。参与方对外来数据不享有编辑权，因而最高权限为只读。在各个参与方服务器内部，管理员可以自由配置用户角色和相应的数据访问权限，但所有用户对特定可交换数据实体的权限均不得超过本参与方对该数据对象的最高权限。

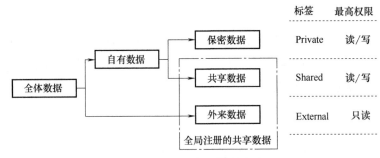

图 3-15　数据权限控制方案

在参与方服务器的 BIM 数据库中，为可交换数据实体的数据库记录增加一个字段用于标识数据的权限状态，字段的可选属性值有保密数据（Private）、自有共享数据（Shared）和外来数据（External）。在执行数据的过滤、提取等涉及多参与方数据互用的操作时，系统会根据数据的权限状态选择相适应的处理方式；在项目全局层面，各个参与方的自有共享数据的集合构成了整个项目完备的全局共享数据，在数据的一致性维护中作为数据源，外来数据是数据冗余的部分，以自有共享数据的数据副本的形式存在。

（3）需求驱动的数据共享机制　基于云计算的 BIM 数据集成与管理架构，以项目的参与方为节点建立多台 BIM 云服务器，并且分别服务于各个参与方，通过服务端之间的联系形成 BIM 云计算平台，实现统一的协调和管理。在分布式环境的 BIM 数据集成与管理中，宜采用需求驱动的数据互用模式进行参与方之间的数据共享（见图 3-16）。该模式中数据的存储位置与使用者的需求密切相关，参与方 BIM 服务器中除存储己方产生的数据外，还存储己方在生产过程中所需的其他参与方产生的数据，因而参与方需要的数据全部存储在己方的服务器中。

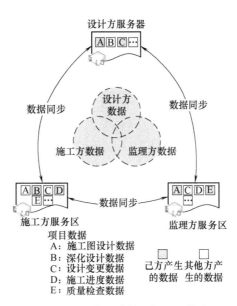

图 3-16 需求驱动的数据互用模式

需求驱动的数据互用模式中各参与方 BIM 服务器不处于完全对等的状态，而是严格按照己方的需求，仅存储己方需要的数据，并针对己方用户提供服务，因而存储开销介于产生驱动模式和全分布互用模式之间。己方服务器可以满足己方用户的绝大多数需求，因而该模式可使得 BIM 数据的交换与共享更为实时和便利。

（4）BIM+物联网在施工现场安全管理子系统中的应用 工程项目建设存在一定的安全风险，安全管理如果存在缺陷或者管理力度不强将会造成不可逆转的意外事件，为了防微杜渐，加强施工现场安全管理是施工企业的重中之重。而施工现场的主体是数量众多的劳务人员，由于他们中大多数人受教育程度不高、安全意识薄弱，因此首先需要针对劳务人员进行有效、全面的监控和管理。

通过物联网技术可以使用设备为所有劳务人员生成可随身携带的独一无二的识别码，如二维码、条形码，以便在施工现场可以被感应装置扫描、识别、追踪以及监控。通过架设物联感应识别设备对施工现场危险区域进行监控，对于进入危险区域的人员进行实时监控，可及时发现事故隐患，并采取相应处理措施（见图 3-17），还可定期对违规原因进行整理、分析，并上传至云端进行汇报；在建筑信息模型中设置标注，并指派责任人按实际情况对施工现场劳务人员有针对性地进行安全思想再教育或采取其他整改措施。

（5）BIM+物联网在工程施工质量管理子系统中的应用 BIM 技术的应用为施工现场技术交底提供了便捷。复杂施工工艺通过建筑信息模型以及施工模拟得以详细演示。针对复杂工艺的施工质量检查却很难做到逐一排查、精准仔细。物联网技术的应用可以将施工人员施工时的视野与云端连接，对视野内画面进行监控和录制，在云计算环境下上传至协同管理平台，并且由责任人监督，做到逐一排查、全程监控。如果发现问题，则在建筑信息模型对应的位置进行备注，对责任人下发整改任务，并监督和检查整改情况（见图 3-18）。如此一来，为施工现场质量检查节约了时间，也保证了工程质量。

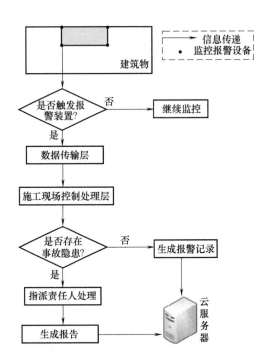

图 3-17　BIM+物联网在施工现场安全管理中的应用流程

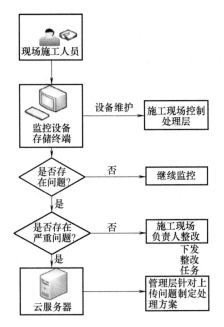

图 3-18　BIM+物联网在工程施工质量管理中的应用流程

　　(6) BIM+物联网在工程施工物料追踪子系统中的应用　在工程项目建设过程中的物料采购，现阶段施工企业多数通过 BIM 技术建立的模型提取工程量，为钢筋和混凝土等材料的使用量和加工所需的物料采购量提供了可参考数据，从根本上控制了在生产加工之前原材料的采购数量。对于物料进场后的控制，则需要物联网技术的帮助。在采购的物料进入施工现场准备加工之前，通过物联网技术将建筑信息模型中的构件工程量数据按照一定规则提炼，将提炼的信息附着在识别码中上传至云，由工程施工现场的生产加工棚下载对应部分，为材料的生产加工做准备。在生产加工过程中，通过物联识别设备扫描识别码，读出所需加工材料或构件的信息，根据信息进行逐个加工生产，从根本上节约采购的物料，并对物料的使用去向进行追踪。

与此同时，在云计算如火如荼发展的今天，边缘计算的概念逐渐兴起。边缘计算主要是指在靠近物或数据源头的一侧，就近提供计算服务，以产生更快的网络服务响应，满足应用的实时性和数据保护等方面的需求。近期边缘计算的概念异常火热，甚至有人认为边缘计算将是云计算的"终结者"。事实上，边缘计算更多是为了配合通信、存储（如 CDN）或安全（如防火墙）等应用而存在的，边缘计算可能会形成一些新产品，但不可能形成一个新行业。边缘计算旨在弥补现阶段部分应用场景下中心云计算的一些短板，"云边协同"将成为未来发展的重要趋势。现在已经有部分边缘计算产品逐步推出，但云边协同的发展仍处于探索阶段。云计算与边缘计算形成一种互补、协同的关系，边缘计算需要与云计算紧密协同才能更好地满足各种应用场景的需求。边缘计算主要负责那些实时、短周期数据的处理任务以及本地业务的实时处理与执行，为云端提供高价值的数据；云计算负责边缘节点难以胜任的计算任务，同时，通过大数据分析，负责非实时、长周期数据的处理，优化输出的业务规则或模型，并下放到边缘侧，使边缘计算更加满足本地的需求，完成应用的全生命周期管理。

■ 3.7 智能建造与大数据技术

土木工程中会产生大数据，且土木工程中涉及大量决策。因此，大数据技术在土木工程中具有良好的应用前景。

大数据时代的来临将影响人类科学研究的方式，成为政府行政决策的重大考虑因素，渗透在国家法律法规与行业发展的日益变化之中，甚至改变新一代人的行为思维方式。同样，大数据技术逐渐成为土木工程领域的支撑技术。在建立工程数据库的基础上，对大数据的深度处理有利于发现新的工程结论。大数据技术的应用不仅有助于在工程建设和维护方面逐渐形成由监测信息组成的土木工程系统，还有利于更新行业规范指标，推动土木工程领域标准化、现代化的建设。

大数据分析法可以在短时间内让使用者获取自身所需要的、更精准的数据分析结果，而传统数据分析法无法做到这一点，这就是二者之间最根本的区别。大数据分析法属于新时代最先进的科技之一，通过对计算机硬件系统及数据处理架构进行相应的改进，在一定程度上弥补了传统数据分析法的弊端。因此，就性能与功能上来看，大数据分析法更胜一筹。

1. 概念

当前大数据并没有统一的定义，人们试图通过描述大数据的特征给出定义。有专家学者认为大数据的特征为：体量大（Volume）、多样（Variety）和高速（Velocity）。国际数据公司 IDC 则认为大数据具有以下 4 个特性（见图 3-19）：

图 3-19　大数据的特征

1）体量大。大数据处理的数据集体量大，一般为 TB 或 PB（$1PB = 2^{10}TB$）级别，超出传统数据处理方式的处理能力。

2）多样。数据来源广泛，包含结构化、半结构化和非结构化数据。

3）高速。对于大数据的处理应当快速、实时。

4）价值。通过挖掘大数据，可以得到隐藏在数据中的价值，这些价值是挖掘传统数据所不能得到的。

专门用于处理大数据的技术就是大数据技术。IDC 将大数据技术定义为，大数据技术描述了新一代的技术和架构体系，它通过高速采集、发现或分析，提取各种各样的大量数据的经济价值，说明大数据的高速和价值特征需要通过大数据技术实现。

如果不对大数据进行处理和分析，那么它只是一堆数据。只有对它进行处理和分析，才能挖掘出潜藏在其中的价值。一般地，大数据处理需经过产生大数据、获取大数据、存储大数据和分析大数据等 4 个环节。为实现大数据价值，需要在大数据处理的各环节应用相应的技术。各个环节的大数据处理见表 3-1。

表 3-1　各个环节的大数据处理

环节	内容
产生大数据	管理信息系统、社交网络、传感器、智能仪表等
获取大数据	基于领域知识的搜索技术、自然语言处理技术等
存储大数据	NoSQL、分布式数据库等
分析大数据	MapReduce 计算模型、Dryad 计算模型等

大数据处理中用到的上述技术，一部分属于传统数据处理技术，如管理信息系统、自然语言处理技术等；另一部分属于大数据技术，例如 NoSQL、分布式数据库等。在分析大数据环节所用到的方法一般称为大数据分析方法。

2. 大数据在智能建造中的应用

大数据决策的应用对象包括建筑工程项目改造更新的方案、对工程项目的维护及运营、施工技术与方法的选择、工程项目合同的订立、项目的设计方案等。其中，建筑工程项目的长期与复杂特征影响了对项目的分析预测效果，而应用大数据分析技术可以弥补上述不足。

1）大数据技术用于辅助建筑能耗分析。建筑能耗的一个重要因素是建筑占用，它影响建筑的光照、建筑内部的热交换等。D'Oca 等在开源数据挖掘软件 RapidMiner 的基础上提出一个数据挖掘框架，以发现办公空间占用模式。该研究工作首先用传感器得到法兰克福一栋办公楼 16 个办公室 2 年内每隔 10min 的占用数据，然后以这些占用数据为基础，利用决策树挖掘、规则归纳和聚类分析等数据分析方法得到建筑占用模式和时间表，并以 4 种原型工作状况图表示出来。在进行建筑能耗分析时，将这些工作状况作为建筑能耗建模软件（例如 EnergyPlus、IDA-ICE 等）的输入，研究占用情况对办公楼的设计、运营和能源使用的影响，最后根据研究结果，采取不同的能源节约策略或推荐合适的建筑设计。

Lee 等根据用电设备历史电力消耗数据分析得到电力消耗模式，并以此为基础预测未来一段时间的电力消耗情况。该研究工作以一座建筑中的办公室、会议室、实验室及服务器机房共计 240 间房间为样本，首先通过专门的传感器从 2011 年 4 月—10 月每隔 1min 采集照明设备、通风设备、低压设备（如计算机、打印机等）和高压设备（如服务器、实验仪器等）的耗电量数据，数据量达 10GB；然后，通过特征提取、聚类分析和关联分析等方法得到不同用途的房间中不同类型的设备的电力消耗模式，并预测未来一段时间的电力消耗。当发现与预测不符的情况时，针对 4 种类型设备分别进行当前数据和历史数据的对比，分析可能发生的事件，以便采取措施降低能耗。例如，对比历史数据，某间会议室的低电压设备几小时内的平均耗电量显著增加，可能是临时召开会议，大量人员进入。而某间房间照明及低压设备无电力消耗但通风设备仍在耗电，并与历史数据不符，可能是空调在无人的房间内空转。

2）大数据技术用于建筑破坏检测。利用无人机可在短时间内拍摄成千上万张图像，提高图像处理速度，这对于及时评估震后建筑破坏和灾后救援至关重要。Hong 等提出利用并行计算处理震前地形图和震后无人机图像以加快建筑破坏三维检测速度。该处理过程对震前地形图经过坐标转换和海拔提取等处理后生成震前数字表面模型，同时对震后无人机图像经过测点提取、相机校正、生成准核线影像、用半全局匹配方法进行密集匹配等处理后生成震后数字表面模型，根据震前和震后数字表面模型的不同，得到建筑破坏三维检测结果。将该并行计算方法应用于 2013 年雅安地震震后建筑破坏三维检测，此种破坏检测速度比传统的分析方法（即利用单核 CPU 的分析方法）近似快 11 倍。

3）大数据技术用于结构健康检测及破坏监测。结构健康检测是通过无损传感技术和结构特征分析来探测结构的力学性能，并通过实时监控，对结构进行可靠性、耐久性和承载能力等方面进行评估，为预防突发灾害或进行维护以及管理决策提供指导依据的技术手段。大数据技术可以有效收集储存和高效处理由传感器获取的大量数据，运用它可建立结构健康情况的实时监控平台。姜绍飞从多方面归纳和总结了智能信息处理技术在结构健康检测上的研究成果。赵雪锋等通过基于安卓手机平台的激光传感系统来监测桥梁的结构位移。霍林生等提出基于图像识别的残余变形检测技术，用于震后建筑破坏评估和灾后救援。Catbas、Male-kzadeh 提出一种基于机器学习的算法，用于处理可移动桥梁机械构件产生的复杂数据，以进行有效的部件健康监测。Han、Golparvar 将可视化数据与 BIM 结合进行建筑物性能分析，还通过图像与 BIM 结合，提出一种可以解决低效通信与工程管理问题的可视化分析模型。

4) 大数据技术用于结构承载能力与破坏准则研究。对混凝土的破坏特性，尽管在小数据环境中已有很多类型的本构模型和恢复力模型，但由于混凝土材料的变异性，从大数据的视角看，误差比较大。大数据技术不仅可以为此提供足够的数据和良好的拟合能力，还有助于更新人们对结构承载力和破坏准则的认识。Gandomi 提出一种进阶的大数据挖掘计算方法，采用多对象遗传算法模型，利用混凝土数据库，通过批量处理数据及分布式计算机并行计算，拟合出良好的混凝土徐变模型。马如进通过收集车辆实际荷载信息和桥梁模型数据，确定构件疲劳修正系数，计算钢箱梁构造细节的疲劳寿命，从而对西堠门大桥大跨度梁桥进行疲劳寿命分析。Kim 利用美国桥梁统计数据，结合规范并通过大数据技术推测每个区域的桥梁损伤程度，综合考虑桥梁建造时间、建筑材料荷载和使用条件等因素，预测全美的桥梁损伤情况。大数据技术还可以为结构的计算分析提供云计算平台，如设计有限元分析仿真系统架构和云计算环境下有限元分析仿真系统的服务模式及服务流程。

5) 大数据技术在工程项目管理中应用的价值。在建筑工程项目管理中，大数据收集、分析和预测等技术的应用加速了建筑工程管理模式的转型，对提升建筑工程项目的施工质量有积极的作用。

① 优化管理路径。当前，工程项目建设的规模越来越大，工程项目管理的工作越来越繁重，在工程项目建设中产生了大量的信息和数据，需要专业的技术人员对其进行分析、处理。工程项目管理工作的艰难导致以往传统的工程项目管理方法和技术已经不能解决实际存在的问题，需要一种新的技术结合工程项目管理对产生的大量数据和信息进行分析和处理。大数据技术在工程项目管理中的应用，能够与工程项目管理实现有效结合，在传统的工程项目管理方式基础上进行创新和改善。大数据技术可以将工程项目管理产生的大量数据和信息进行整合，收纳到数据库中，利用大数据技术对数据进行分类、整合、储存功能，实现数据的有序储存和有序管理，从而减轻管理人员的负担。

② 提升工程项目管理抗风险能力。在传统的工程项目管理方式中，信息和数据的管理主要依靠管理人员，但是由于信息数据的庞大和管理人员管理的不稳定性，在工程项目管理中会出现数据计算错误或者数据丢失的情况，给工程项目管理和工程项目建设造成了很大的影响。为避免这种经济风险和提高工程项目管理的抗风险能力，工程项目单位制定了很多相关的管理和惩罚制度，在一定程度上确实对提高工程项目管理的抗风险能力和减少工程项目管理的经济风险有所帮助，但是效果不够明显。大数据技术有对数据进行有序储存和有序管理的功能，在工程项目管理中应用大数据技术能够对数据进行有序储存和管理，有效减少人为因素导致的经济风险，提高工程项目管理的抗风险能力。

③ 改变决策方式。在传统的工程项目管理方式中，管理人员对数据的管理和分析往往依靠经验和理论，导致工程项目管理决策不够科学合理。大数据技术具有对数据进行科学分析的功能，能够对工程项目管理中出现的各项数据进行相关关系的分析，实现数据之间的一对一的联系。大数据技术引用统计学的原理，对各项数据进行科学的分析和处理，进而转化成对管理决策有利用价值的精准信息。根据大数据技术对数据分析之后的结果进行管理决策工作，转变以往传统的根据经验和理论进行管理决策的方式，保证管理决策的准确性、科学性和有效性。

④ 保证数据准确。工程项目管理的庞大数据对工程项目建设会产生重要的影响，这些数据或延伸出很多的问题，对工程项目建设施工的成本、风险等方面都具有很大的影响。解决这些问题需要对数据进行充分的挖掘和分析，在传统的工程项目管理方式中，对数据的挖掘和分析是管理人员繁重的工作。依靠人力进行数据挖掘和分析，既耗费人力和物力，又不能保证最后结果的准确性。大数据技术具有挖掘和分析功能，可以对庞大的数据进行科学、系统、准确的挖掘和分析，从而为工程项目建设施工提供准确的数据。

■ 3.8 智能建造与 5G 技术

智能建造是依托于信息化的建造形式，是具有更高效率、更大带宽和更强通信能力的技术，可以促进建筑业发展得更快、更好。5G 技术与智能建造的融合，将会给智能建造赋予"智慧的大脑"。5G 技术是多项业务与技术相融合的，面向业务应用与用户体验的，以服务用户为中心的智慧化网络。5G 与智能建造的结合将会使智能建造的发展出现无限可能。

1. 5G 的前景

第五代移动通信（5G）网络将首次实现与云、边缘、人工智能等技术融合，应用不再只针对手机，它将面向未来 VR/AR、智慧城市、智慧农业、工业互联网、车联网、无人驾驶、智能家居、智慧医疗等。

2. 5G 特征与网络部署

移动通信从以技术为中心逐步向以用户为中心转变。5G 是全面革新，巨大改善速率、连接数、时延能力，与人工智能、移动互联网、物联网紧密结合，促进行业智能化大转型。5G 移动通信的技术特征主要体现在以下几方面：

1）峰值速率达到 Gbit/s 标准，满足高清视频、虚拟现实等大数据量传输。

2）空口时延水平在 1ms 左右，满足自动驾驶、远程医疗等实时应用。

3）超大网络容量，提供千亿台设备的连接能力，满足物联网通信。

4）频谱效率比长期演进（Long Term Evolution，LTE）网络，比 4G 标准提升 10 倍以上。

5）连续广域覆盖和高移动性下，用户体验速率达到 100Mbit/s。

6）流量密度和连接数密度大幅度提高。

7）系统协同化、智能化，多用户、多点、多天线协同组网，网络间灵活自动调整。

第三代合作伙伴计划（3rdGenerationPartnershipProject，3GPP）标准定义了独立组网（Standalone，SA）和非独立组网（Non-Standalone，NSA）两类 5G 网络部署模式。非独立组网依附 4G 网络，建设速度快；独立组网是 5G 最终形态，部署较慢。在智慧城市建设背景下，5G 网络部署将结合实际情况，灵活运用分层立体组网、高低频混合组网和超密集组网等部署策略，实现社会经济与技术进一步发展。

3. 5G 在智能建造中的具体应用

5G 网络的大带宽、海量连接以及低时延、高可靠特性将为建造行业走向智慧化提供必要的条件：

1）智慧监控主要靠各类摄像头对设备人员进行监控、识别，来降低生产过程中的潜在危险因素，但制约该功能应用的主要因素是摄像头是布置在固定连线的，随着设施入场，工程进度的进行，布置位置须随时调整。故智慧监控需要通过无线、大带宽的 5G 网络作为支撑。

2）安全防范智慧化。大量的人员/车辆/设备设施出入施工现场，安全管理工作须对人员进出进行管控，识别人员行为，例如：人脸识别，安全帽识别，车牌识别，车辆进出，违章监测，危险区电子围栏等，当出现安全故障报警时，关联的其他设备即时做出响应，低时延的本地计算能力可实现对施工人员及施工安全的管理，提高人员、车辆和物料管理的效率。

3）塔式起重机的安全管理。塔式起重机的安全管理是项目现场的重点管理，一般有以下三个安全管理点：一是拆装是事故的多发阶段；二是运行阶段的安全距离；三是塔式起重机安全装置的完好与灵敏可靠。塔式起重机拆装必须要具有资质的拆装单位进行作业和人员去作业，存在对人员验证的需求；运行阶段需要对塔式起重机司机身份进行核验，利用 5G 网络的大带宽，进行视频验证信息核对，对人员的身份进行管控，可进行强有力的支撑；塔式起重机启动和运行中必须能反馈塔式起重机的起重力矩限制器、起重量限制器、高度限位装置、幅度限位器、回转限位器、吊钩保险装置、卷筒保险装置、风向风速仪、钢丝绳脱槽保险、小车防断绳装置、小车防断轴装置和缓冲器等安全装置处于可监控状态。5G 物联网的大连接，结合现代化的塔式起重机设备，通过视频监控可以准确地测算它与周边环境的距离，可满足整体塔式起重机的安全管理要求。

4）智能家居控制系统，其本质是通过多个传感器把相互孤立的信息连接起来。在目前 4G 网络下，各智能设备间信息传输交换存在延时问题，并只能将少数的智能设备连接进网络中。5G 网络的传输速率可达到 10Gb/s，能承载海量的设备连接、传输更大的流量、超低的时延，能使设备之间的"感知"与传输速度更快、设备之间感知更灵敏。海量智能设备可以通过 5G 网络连接在一起，并进行信息交叉互换。智能家居控制系统中的每一台智能设

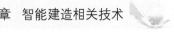

备都是一个信息采集器，不间断地将大量生活信息通过 5G 网络传输到云端，并通过大数据分析，形成我们的习惯模型。当我们做出一个行为时，智能家居控制系统可以准确判断出我们接下来想做的事情，一个比自己更了解自己的智能居住建筑将给我们带来十足的幸福感。5G 时代，智能家居系统将承载更多想象与可能。

■ 3.9 智能建造与区块链技术

智能建造所产生的数据体量庞大、内容复杂，通过建立区块链信息流模型，可对信息进行保存与整合，进而实现各参与方之间高效的信息交流，提高各参与者之间信任程度，确保信息真实有效，还可以用于追究建造过程中过错方责任、优化作业流程、降低建造成本等。

1. 概念

区块链技术是指由丰富的独立节点共同参与而产生的分布式数据库。借助哈希函数将分布至各区块的信息紧密串联，构成完整链条。

2. 特征

（1）去中心化 区块链运用分布式存储与核算，各参与方没有第三方参与就能在任意节点了解信息，并拥有均等的权利与义务。

（2）去信任化 区块链可以实现不同程度的信息开放，节点之间没有信任也可以进行交易，系统会对发生的每项交易进行实时记录，使节点之间没法传播虚假信息、互相欺骗。

（3）可追溯性 区块链中各个小区块中都记录着信息录入时间，并一直在区块链中保留，有助于事后对装配式建筑建造过程中存在的问题进行追溯。

（4）安全可靠性 区块链具有特别的加密方式和块链式存储架构，各个节点均不可以对数据进行篡改，一旦数据被篡改，系统就会主动对照确认数据是否真实。

区块链主要有公有链、私有链和联盟链三种。其中，公有链人人都可以参与，对所有人处于开放的状态；私有链只对单独的实体或者个体开放；联盟链只对某个特定的组织团队开放。

3. 区块链技术在智能建造中的具体应用

区块链技术在智能建造领域中的应用较广，具体如下：

（1）建筑设备物联网系统 随着物联网概念的出现以及智慧城市如火如荼地开展，具有"网格拓扑、融合计算、分布式智能、可软件定义、全自动控制、应用即服务"等特征的物联网渗透到了各行各业，推动着传统产业的技术升级和改造。借助物联网技术提升智能楼宇建设也是发展的必然趋势。基于物联网构建的智能楼宇，可以使建筑内众多公共资源具有语境感知能力，使其真正成为智慧城市的细胞。

（2）基于区块链技术的消防设施物联网系统　消防设施物联网系统是通过信息感知设备，按消防远程监控系统约定的协议，连接物、人、系统和信息资源，将数据动态上传至信息运行中心，把消防设施与互联网进行信息交换，实现将实体和虚拟世界的信息进行交换处理，从而做出反应的智能服务系统。

（3）基于区块链技术的安防设备物联网系统　近年来，物联网、大数据、人工智能等技术已经越来越多地运用在安防系统中。把区块链技术应用在安防物联网，主要是采用分布式数据存储、点对点传输、共识机制、加密算法等区块链的新型模式，通过这些技术，能提高安防系统的安全性，优化安防布线的架构，增强系统设备的兼容性，对人工智能和边缘计算在安防系统的运用提供更好的基础。

（4）基于区块链技术的电气综合监控物联网系统　为了预防电气设备及线路故障引发火灾，消除电气火灾隐患，确保消防设备供电的可靠性和安全性，保护人身和财产安全，提高系统设备利用率，《民用建筑电气防火设计规程》（DG/TJ 08-2048—2016）规定了电气综合监控系统的相关内容。电气综合监控系统是将电力监控、能耗监测、电气火灾监测、消防设备电源监测、防火门监控、浪涌保护监测、智能应急照明与疏散指示等系统功能深度优化融合为统一的系统。该系统简化了设备配置和现场布线，提高了设备的利用率，降低了用户成本，节约了社会资源，减少了用户的运营维护费用。

（5）基于区块链技术的楼宇自动控制物联网系统　虽然物联网技术的应用还处于起步阶段，但是在楼宇控制系统方面物联网技术已有成熟的运用。相比消防、安防、电力监控等行业，楼宇自控系统的技术发展历史更久，集成技术更先进，也有更多国际电气行业巨头参与其中。

由于该系统目前成熟、先进，可以在设备层级就开始以区块链的模式搭建组网。把传感器、控制器、数据采集器以模块化的方式添加到系统中，以组成最高升级性和灵活性的楼宇能源管理系统。

区块链的开放性、独立性、去中心化的特点为用户提供了开放、互操作、可升级的楼宇自动化解决方案，不论是一个小型的监控方案还是整个 IP 绑定的网络，都可满足要求。

（6）区块链技术在工程建筑中的应用　将碎片化的工程建设预算数据集中起来，从而帮助预算师和总工程师根据更充分的依据做出决策，为工程项目提供更全面的工程项目建设建议。这就是区块链在工程建筑领域的应用前景。区块链可以为互联网服务创造一个崭新的平台，"区块链"+"工程建设"可以使工程项目的建设变得越来越安全、可靠。同时，区块链可以促进数据共享，可以建设可信体系。

（7）区块链与 BIM 技术的结合　在设计阶段，CAD 往往以"图层"的方式区分专业或类别，如打开 CAD 图并选择图层后，看到的是整层内的消防喷淋系统。而在 BIM 层面，所有的物体是以"构件"的形式存在的，基于 Revit，这种构件就是"族"，凭借其自带的类别属性区分功能，BIM 工程师可以进行类目的筛选。相较于"图层"，"构件"不但更接近于实际工程中的建设与运维管理，而且这种以"构件"为数据的存在形式将成为"区块链"与"工程建设中产生的数据"上下连接的枢纽。

与 BIM 技术结合，项目参建各方都能方便地为建筑信息模型做出贡献。通过区块链技术有效记录项目管理过程，在业主和项目团队、承包人、设计人、监测、许可、投标、安装、授权和项目运营方之间执行智能合约，项目前期的立项审批记录、项目施工过程中的各种许可、项目竣工验收过程中的权益转移以及建筑使用中的物业管理等过程均可永久有效地记录并随时查询。

（8）利用区块链技术进行工程招标投标辅助验证　区块链技术的不可篡改性使得建筑业从业人员的从业经历有可能更加透明和可信赖，从而可辅助身份验证。例如，在大型工程项目招标时，按照现在的规定需要对项目负责人的执业资格、职称、以往同类规模和专业的项目经验等有较为严格细致的要求，在政府项目和依法必须招标的社会投资项目进行资格预审和评标时，需要花费大量时间和精力进行真伪验证等。采用区块链技术后，可以更好地反映和输出建筑业从业人员的真实经验，从而有效降低交易成本。

（9）利用区块链技术进行工程质量安全生产事故溯源调查　区块链技术可提供溯源性追索，在建设工程项目质量安全生产事故调查中，可以快速清晰地查证到究竟是哪一步未按照质量安全规范进行操作，应当由哪家参建单位、哪位工程师负责，使得传统的"物勒工名"习惯在区块链技术下更为便捷和准确，从而进一步保证了建设工程项目的质量安全性，有利于政府监管部门对市场参与者的实时监督和事后追责。

（10）利用区块链技术提高建材物流效率并保存物流全程记录　基于区块链技术的共识机制和分布式存储特点，解决建筑材料质量大、体积大、运输环节长、角色多、良莠不齐等问题，使建材从生产出厂、仓储运输、堆放、最终使用都有据可查。通过将建材所有参与者的数据连接并记录到区块链网络中，有效解决因各参与方的信任未知和物流信息离散而产生的纠纷，保证建材的安全性和可靠性，同时可以提高运输车辆匹配效率，降低物流成本，对建筑垃圾的处理也能实现有效的监督。

（11）利用区块链技术实现工程造价数据积累和传递　通过区块链技术的加密算法帮助积累与分析工程造价数据，将单个工程项目的钢材、水泥、人工、机械等数据信息进行脱敏处理后，在保护项目业主隐私的情况下提供分布式造价数据存储方案，这种存储机制下的数据可以用来进行价值工程分析和改进，通过造价数据的流通和整合推动建筑工程成本的降低，有助于建筑业的知识积累与传递。

（12）利用区块链技术促进建筑业自由职业者的发展，弥补行业技能短缺　由于区块链技术的去中心化，可加速建筑业进入零工经济时代，出现一部分工作量不多的建筑业自由职业者，这部分人通过利用网站和 App 应用程序在网上签订合同，有助于弥补行业中的技能短缺。

（13）利用区块链技术实现工程项目合约管理的智能化　区块链技术的智能合约在工程项目合同管理中应用，有助于减少建设单位和承包商之间的合同界面。在工程项目进行过程中，各参建单位之间的建筑材料和设备、设计图、施工标段等的移交和转移一直在进行，随时可能发生变化；项目的建设单位、设计单位、施工单位、监理单位、专业咨询单位之间一直存在信息的双向流动，如各种签证、技术核定单、付款申请、会议纪要流转等，在以上实体或信息的计划移交与实际转移之间总是存在或长或短的时间差，难以做到完全按照项目进度计划执行。此外，通过智能合约进行过程管理，可以使得所有资产的转移均通过合约方式加以确定，区块链中的各节点自动对智能合约的每一步进行监督，在后续交易出现问题时，如索赔申请或事故调查时，智能合约的追责条款自动生效，督促交易双方能按照约定履行合约内容，同时有助于加强施工合同履约跟踪，及时处理设计变更及索赔，减少工期延期、投资超支及各方争议。

（14）区块链技术在工程保险中的应用　未来，随着区块链技术的发展与广泛应用，关于工程项目的基本概况、施工日志、周边环境等信息记录在区块链中，使工程保险机构在受理客户投保时可以更加及时、准确地获得风险信息，准确判断工程事故的主要原因是自然灾害还是意外损失，是人为恶意还是原材料或工艺缺陷，从而降低成本、提升效率。

（15）利用区块链技术进行施工环境保护监督　区块链技术的安全可信、不可篡改和去中心化的特点可应用在施工环境保护监督中。传统的工程施工中对节能、扬尘控制、污水控制、固体废物控制、能源控制有相应的规定和措施。但在实际操作中，由于施工期间环境保护行为主要由建设单位和施工单位实施，由政府主管部门进行监督和管理，最直接的利益相关者和受影响最大的周边居民和周边建筑主体缺少话语权和沟通渠道，时而造成群众不理解、不信任，甚至阻挠工程项目施工的现象。通过区块链技术的应用，未来工地的施工道路清扫洒水、混凝土搅拌站的废水排放、机械作业时段的噪声、废弃物堆放及运输等均有可信的记录可查。

■ 3.10　智能建造与人工智能技术

相较于传统的建造形式，智能建造可以减少劳动力的使用。人工智能技术包含了机器人、图像识别、语言识别等部分，在应用的过程中，可根据系统设定模拟人类的思维与思考方式，高端的智能化设备可模拟人类思考，甚至在某些方面表现十分突出。

1. 概念

人工智能技术又称为 AI 技术，是模拟、延伸与扩展人的智能的理论、方法与技术。人们需充分了解智能技术的本质，从而研发人工智能应用的先进智能设备，使它们表现出与人类比较相似的反应。

2. 人工智能技术在智能建造中应用

人工智能技术从无到有，逐步发展成熟，它所应用的范围在逐步扩大。在未来发展中，人工智能技术会应用到人类生活的方方面面，极大地促进人类社会的全面发展。

人工智能作为一种新兴的边缘学科，属于交叉学科，以机器人、语言识别、图像识别、自然语言处理和专家系统、智能决策支持系统等作为主要研究内容。随着技术的快速发展，人工智能在各个领域有着广泛的应用。将人工智能与建筑相结合，打造智能运维系统，使人

工智能能够走入人们的日常生活。

1）人工神经网络的运用。在当前智能建造发展过程中，在建筑系统建模、优化、学习、控制等方面都会应用到人工神经网络，而且在人工神经网络应用过程中还获得了较好的成效。特别是人工神经网络在模式识别、图像处理、语音识别、复杂控制、最优运算及智能化处理等方面都具有广泛的应用。现代智能建造在快速发展过程中，建筑内部配备的电气设备种类更丰富，数量也不断增加，这也导致电气设备能耗增加。在这种情况下，为了能够实现对建筑的有效管理，需要保证电气设备运行的安全性、稳定性和经济性，并进一步重视设备自动化控制水平的提升，全面提高设备的管理质量。通过将人工神经网络引入到智能建造中，充分发挥人工神经网络自适应能力的优势，可以实现对智能设备协调性和稳定性的有效维护。在实际应用人工神经网络的过程中，以监督和非监督两类为主，监督是调节神经元加权系数与输入集合，而非监督则是完善自组织与分类。

2）在智能建造中融入智能决策支持系统。随着计算机技术、网络技术和信息技术水平的快速发展，运算能力和数据库技术都有了较大程度的提升，这也在一定程度上推动了对数据分析和信息处理等工作要求的提升。在当前智能建造发展过程中，将智能决策支持系统融入智能建造中时，需要将人工智能技术、计算机和管理科学等技术进行合理应用，这样才能够有效提高智能建造的自身管理效率和管理的精准性，实现对智能化系统的有效控制，为智能建造的发展提供充足的动力支持。

3）模块的结构化。在构建大型系统过程中，需要针对系统进行分解，将它划分为不同的独立部分，各部分承担不同的功能，而且每一个独立部分都应作为一个模块，然后对这些模块进行组织，形成模块结构化。智能建造是在传统建造基础上发展起来的，它是传统建造功能的进一步延续和升级。将现代信息技术与传统建造功能进行有效结合，可发挥出各个系统和模块的功能和作用。智能建造模块化是通过运用人工智能技术重组所有功能模块，以此来实现模块结构化及集成控制。

4）专家控制系统。专家控制系统是21世纪以来在人工智能领域里最具有代表性和应用意义的科学成果。它本质上是一种计算机程序系统，主要将不同的专家知识进行融合并组建成专家数据库。

专家控制系统背后有着各类的专家知识作为后盾，可以对它所控制对象的系统结构、运行规律进行全方位监测和控制，并且可以运用丰富的专家知识提供更加优化的决策方案。与传统的控制系统相比，专家控制系统打破了原有控制系统只能凭借数学模型的简单运算来进行控制的僵局，它将数据库中的专家知识与数学模型进行有机融合，为智能建造中的智能化系统提供更加精确的决策方案。

专家系统是在自我学习和知识积累基础上建立起来的一种技术形式，它能够对控制对象和控制规则等知识进行记录，并在数据库进行有效保存，经过一定的计算和学习后，生成具有正确决策能力的管理系统。因为它的模式与专业领域的专家相似，能够对数据信息进行快速运算，同时具有强大的系统控制能力、较高的智能性，能够针对智能系统的运行进行分析和推理，并制订切实可行的方案，是当前人工智能技术在智能运维中应用的不可或缺的重要组成部分。

5）项目绩效预测。人工智能技术可以通过对历史数据的学习来求解传统线性回归方法难以求解的复杂问题。工程项目的成本、工期的影响因素多，且很多因素对工期的影响是非线性的，项目绩效预测一直是难点，又是施工管理的重点。因此，人工智能技术被广泛地用于项目的成本、工期等绩效指标的预测之中。绩效预测中广泛应用神经网络、案例推理以及支持向量机等方法。莫俊文等使用 RBF 人工神经网络对兰州市比较典型的 20 幢建筑物的造价进行了回归预测，通过实际样本验证了模型的可靠性。陈源等人通过案例推理构建了公路工程造价预测模型，验证了该方法的有效性和实用性。

6）基于人工智能技术的建筑设计。可以通过人工智能技术强大的工程性能模拟功能来实现建筑优化设计。基于人工智能技术的建筑设计的研究思路主要可以分为两类，一类研究是数据驱动的，通过对历史案例的学习、比对进行求解，如通过案例推理技术来建立基于 BIM 的智能化辅助设计平台；另一类研究是以新颖的算法为基础的，通过算法突出的计算性能实现设计的优化，如王敏通过神经网络对暖通控制系统的 PID 控制参数进行优化，不断调整控制误差，保证暖通控制效果。

7）施工现场管理。施工现场管理是人工智能应用在工程管理领域最常见的应用方向之一，相关研究主要通过基于人工智能的计算机视觉技术实现现场信息的识别。

目前基于人工智能技术的施工安全管理研究的主题主要有现场工人行为的分析和施工的优化等。对于现场工人行为的监控，使用现场摄像头等作为输入识别现场工人的工作安全情况。赵震通过使用 opencv 的图形处理技术，在识别工人个体的基础上，辨别出施工人员安全帽佩戴情况，从而在一定程度上减少现场的事故隐患。

8）智能运维。基于运维阶段的重要性及当前产业发展的不足，人工智能技术被广泛用于建筑的运营维护。现代的设施管理除了对各个系统的优化外，还需要实现对不同专业、不同格式的数据的集成，涉及的问题十分复杂。随着 BIM 技术的快速发展，人工智能结合物联网等新技术，对于建筑运营中的设备以运维期间产生的信息集成化管理，从大数据中提取有用的信息，对于设施管理的问题进行识别和预测已经成为一个全新的研究方向。

9）人工智能与 3D 打印。3D 打印是快速成型技术的一种，被认为是新科技。在建筑领域，丁烈云总结了国内外现有建筑 3D 打印技术的相关研究进展，并依据使用材料和打印工艺将目前主要建筑 3D 打印技术归纳为三类：基于混凝土分层叠加的增材建造方法、基于砂石粉末分层黏合叠加的增材建造方法和大型机械臂驱动的材料三维构造建造方法。

10）人工智能与 BIM。建筑信息模型（BIM），由美国佐治亚理工大学教授于 1975 年提出。应用 BIM 技术，可以有效提高建造效率。上海中心、中国尊、武汉中心等均应用了 BIM 技术，其中上海中心的工程实践证明，应用 BIM 技术，可以排除 90%图样错误，减少 60%返工，缩短 10%施工工期，提高项目效益。

11）由于人工智能与建筑机器人的深度研发和普遍的使用，以及 5G 高带宽、低时延和高可靠的特点，各种功能类型的机器人在施工过程中逐渐替代人工操作。例如，在上海西岸池舍艺术馆项目中，施工现场采用自动砌砖机器人、数模控制的钢筋网铺设和焊接机器人、无人操作的挖土机等，这些自动或智能加工建造既可以显著提升建筑质量，极大地节省加工及建造过程中人力成本的开支，又能提高复杂形体加工的精度和效率。

■ 3.11 智能建造与虚拟现实技术

虚拟现实技术发挥它的可视化与交互性的优势，使智能建造更加形象、具体。通过虚拟、无障碍的交流共享空间简化建筑设计流程，提高建筑施工精度，兼顾用户的临场体验，在智能建造方面有着巨大的发展潜力。

1. 概念

虚拟现实系统即为虚拟现实平台（VR）技术，它使人通过适当装置与虚拟环境进行交互，从而获得身临其境的感觉。随着建筑设计模拟需求的不断升级，它在建筑设计领域的应用前景颇为可观。

虚拟现实系统硬件构成系统的物理设备主要包含中央处理器、存储器、建模设备（包括三维视觉显示设备、声音设备）及交互设备。

1）中央处理器。中央处理器是虚拟现实系统的运算核心和控制核心，也是系统的最高执行单位。中央处理器采用高纯度的半导体材料硅，处理器内部选用的芯片主要由逻辑部件、寄存器部件、控制部件三大设计部件构成，可允许上百万亿个数据同时译码运算。

2）存储器。为保障虚拟现实系统的运行效果，在系统硬件中设计存储器作为记忆设备。主要存储系统运算过程中的计算数据，当再次构建相同的绿色公共建筑虚拟环境时，可直接提取，节约系统运行时间；外存储器用来存放系统内部数据和资料库，可随时补充材料信息，为系统提供运行资料数据。

3）建模设备。三维视觉显示设备与声音设备同属于建模设备，系统中设计 3D 扫描仪作为演示媒体，三维场景编辑程序的编辑成果将通过 3D 化为三维立体图像。声音设备采用三维虚拟声音设备，当参与者与虚拟环境发生交互时，声音设备从存储器中提取真实声音信息选择播放，最大限度地使虚拟现实参与者听到更加真实的声音，满足建筑师们的各种需求。

4）交互设备。交互设备主要有三维鼠标和数据手套。三维鼠标配合三维眼镜、声音设备，可对参与者直接进行视觉、听觉、触觉等感官控制。控制者通过三维鼠标可对虚拟环境中的建筑信息模型进行不同角度的观察，甚至改变物体在 VR 中的成像。数据手套作为虚拟现实交互设备，可在虚拟场景中实现抓取、移动、旋转等动作。

5）复杂工程施工过程仿真实现。仿真实现过程如图 3-20 所示。

① 选择仿真平台。在应用虚拟现实技术进行复杂工程施工设计时，可以通过利用 Envi-Fusion 软件来对工程施工的运动情况进行仿真以及进行动力仿真，还可以通过应用 Me chan-

图 3-20　仿真实现过程

ical Desktop3.0 、Soild-edge6.0 等相关的软件进行复杂工程的建模及设计。此外，在进行程序编写时可以通过采用 Visual C++以及 GSL 等软件来编写相关的环境程度。

② 建模及静态组装。在复杂工程施工设计建立相关模型过程中，需要针对不同的建模对象采用非参数化建模以及参数化建模的方法。其中的分参数化建模适用于有大量相同造型且尺寸变化较小的情况。而复杂建筑工程存在着很多形状复杂、尺寸标注多等情况时，就需要通过采用参数化的方式来建立相关的模型。因此，在复杂建筑设计时，需要将楼面、楼梯等相关模型输入 EnviFusion 模块中，进而根据不同的特点及功能，组合成不同的机构。同时，在 EnviFusion 模块中，机构是能够进行独立运行的最小单位，通过对它进行定位就能够组装整个机构模型。

③ 运动仿真。在进行复杂工程运动仿真设计时，数值插值法在仿真物体的运动上十分有用。通过应用数值插值法能够对相关物体的运动情况进行真实的模拟，进而降低了对相关计算机的能力要求及标准。此外，在进行运动仿真时，还可以通过应用插值法的二次插值、三次插值以及 Hemite 插值等形式进行工程设计建模，由此来控制相关控件的非线性运动。

2. 虚拟现实技术的基本特征

虚拟现实技术的基本特征有浸没感、交互性、多感知性和构想性（见图 3-21）。

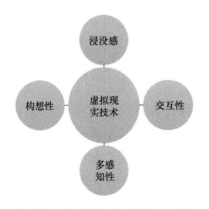

图 3-21　虚拟现实技术的基本特征

1）浸没感。虚拟现实技术的一个基本特征就是浸没感。它根据人们的听觉和视觉特点，利用计算机技术，形成的非真三维图像世界。使用者只需要将特定的头盔显示器戴在头上，佩戴上数据手套等，就可以进入这个虚拟的环境中。在虚拟环境中，使用者看到的各种事物就好像真实存在一样，感觉非常真实。

2）交互性。虚拟现实系统中设置有一个人机交互系统，在这一系统中，使用者可以利用鼠标或者键盘与虚拟世界进行交互，也可以利用特定的头盔显示器和数据手套等与虚拟世

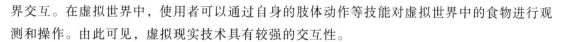

界交互。在虚拟世界中，使用者可以通过自身的肢体动作等技能对虚拟世界中的食物进行观测和操作。由此可见，虚拟现实技术具有较强的交互性。

3）多感知性。在虚拟现实系统中安装有动觉系统、触觉系统、听觉系统和视觉系统。这可以使使用者在虚拟环境中获得多种感知，给使用者带来类似在真实世界的感受。多感知性也是虚拟现实技术的一个主要基本特征。

4）构想性。虚拟现实技术的构想性，又被称作自主性，它体现了虚拟现实技术具有较为广阔和丰富的想象空间，可以有效地拓宽人们的视野。虚拟现实技术不仅可以构建出虚拟的环境，还可以再现现实环境。对于一个完整的虚拟现实系统来说，它主要是由高端计算机、特殊头盔、方位跟踪器、数据手套、语音识别器、声音合成和定位器构成的。其中，高端计算机属于虚拟环境处理系统，特殊头盔属于视觉系统，方位跟踪器和数据手套属于人体方位姿态跟踪系统，语音识别器、声音合成和定位器属于听觉系统。

3. 虚拟现实技术在智能建造中应用

虚拟现实技术在土木工程设计、规划、成本计算、工程测量等环节的应用，可以通过三维模型的建立，直观地呈现土木工程的整体结构和土木工程环境等，这给土木工程工作人员的工作带来了很大便利，并且大大提高了工作人员的工作效率，使他们可以在较短的时间内就顺利完成自身的工作。并且，虚拟现实技术在土木工程中的应用还可以让客户直观地看到整个土木工程的概况，给客户带来更加生动、直观的感受，这样更加有助于获得客户的认可，这对建筑企业良好企业形象的建立十分有利。由此可见，虚拟现实技术在土木工程中的应用具有较多的优势，建筑企业应该全面认识到应用虚拟现实技术的重要性，并提高对该项技术应用的重视程度，从而实现土木工程技术水平的提高。

虚拟现实技术在土木工程中应用的有效途径如下：

（1）虚拟现实技术在土木工程设计中的应用 设计是土木工程建设中一个非常重要的环节，也是土木工程建设的重要基础，对土木工程后期能够顺利地完成建设起到决定性的作用，甚至影响着整体土木工程的质量。对于土木工程建设来说，结构十分的复杂，并且施工环境具有多变性的特点，设计人员通常要花费很多的精力和时间去采集土木工程建设数据，并对这些数据进行全面的分析后，才能够绘制出一张完整的土木工程平面设计图。但是这张平面设计图往往不能够将土木工程各方面的数据都充分地呈现出来。虚拟现实技术的引进则可以很好地解决这一问题，设计人员通过计算机就可以完成力学性能模型试验，避免了以往力学性能模型试验受气流、摩擦力等因素的影响，大大提高了力学性能试验的准确性，并且通过计算机就可以全面分析试验数据，还可以帮助设计人员选择出最佳的土木工程设计方案。

（2）利用虚拟现实技术模拟土木工程施工 模拟土木工程施工是指将计算机技术作为基础，结合参数化设计、虚拟现实、结构仿真及计算机辅助技术等，从物、财和人等方面实现全真环境的三维模拟，以此生成可控制、无破坏、小耗费及低风险的试验方法，从而使施工水平得到提高，对施工成本进行控制，避免出现施工事故。

1）建筑工程施工方案的选择和优化。建筑工程的施工方法及施工组织的选择和优化主要建立在施工经验的基础上，但是现代的建筑基本上追求独具一格，建筑工程施工成为不可完全重复的过程，因此这种模式存在一定局限性，使用虚拟现实技术就可以直观、科学地展示不同施工方法和施工组织措施的效果，可以定量地完成方案的对比，有助于施工方案的选择和优化，真正实现最优施工。

2）施工技术的革新和新技术引入。施工虚拟现实技术能使工程技术人员通过计算机对施工新工艺和革新思路进行试验，激活人员的创新思维，也能真实地展示新技术的效果，缩短建筑业新技术的引入期和推广期，降低新技术、新工艺的试验风险。

3）施工管理方面。施工虚拟现实技术能事先模拟施工全过程，对于提前发现施工管理中质量、安全等方面存在的隐患有极大的帮助，以便及时采取有效的预防和强化措施，提高工程施工质量和提升施工现场的管理效果。

4）安全生产培训方面。施工虚拟现实技术能实时、直观地显示施工过程的实际状况，有助于操作人员全面了解操作流程，在进入实际操作环节之前进行模拟培训，有利于在实践生产中优质安全地完成施工生产任务。

5）大型工程设计。施工虚拟现实技术可以通过建立计算机模型考查建筑设计是否合理，方便地对设计不合理的部位进行修改或比较，从而得到满意又直观的设计结果，该技术的应用也有利于设计单位与业主、施工单位进行设计交底。

6）建筑市场管理。施工虚拟现实技术在招标投标过程中能直观对比各方的施工方法和成效，增加评标的透明度和公正性，有利于建筑市场的规范化管理。

（3）虚拟现实技术在土木工程测量中的应用　土木工程测量水平的提高不仅可以确保土木工程建设更加顺利地完成，防止在施工中发生施工变更的情况，还可以保障土木工程建设的质量。在土木工程的整个施工中需要进行测量，测量类型主要包括高程测量、距离测量和角度测量等。土木工程测量工作比较烦琐，稍有疏忽就可能出现误差，并且在测量的过程中存在很多因素影响着测量的结果。为了避免误差的出现，可以在土木工程测量中应用虚拟现实技术。首先，利用计算机收集土木工程施工环境信息；随后，利用虚拟现实技术构建土木工程虚拟模型；最后，虚拟现实系统会自动对土木工程虚拟模型进行测量，并制作测量报告。这样不仅减少了土木工程测量人员的工作量，还提高了土木工程测量的准确度，实现了测量效率的提高。

（4）虚拟现实技术在土木工程成果展示中的应用　建筑施工企业在开展大型土木工程施工前，需要验证和展示土木工程具体施工方案，以此及时发现土木工程施工方案中存在的问题，并及时加以解决，以此有效地提高施工方案的安全性和可行性。在土木工程成果展示中应用虚拟现实技术，可以将施工方案进行全方位的展示，包括各个细节，在正式开始施工前将整个土木工程的施工成果展示出来，以便对其中存在的不足及时进行弥补和优化。例如：某建筑施工企业的扩建大型桥梁建筑工程涉及桥梁延长和扩宽施工，设计人员在设计完施工方案后，可以先将原始桥梁建筑工程的所有数据信息输入虚拟显示系统中，利用这些数据构建原始桥梁模型，然后将施工设计方案中的数据信息输入该系统中，利用虚拟显示技术

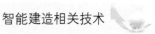

完成桥梁工程的桥墩架设，以此将最终的桥梁建筑工程的施工设计成果展示出来，同时利用先进的计算机技术，对桥梁建筑施工后的承重力和应力等进行全面的分析，在判断施工方案可行性和安全性的同时，及时发现其中存在的不足，并及时调整和优化。

■ 3.12　智能建造与 3D 打印技术

为提高智能建造效率，建造更加绿色环保的建筑，3D 打印技术逐渐被运用在了智能建造领域。

3.12.1　发展历程

1. 概念

3D 打印（3DP）是快速成型技术的一种，又称为增材制造，它是一种以数字模型文件为基础，运用粉末状金属或塑料等可黏合材料，通过逐层打印的方式来构造物体的技术。

3D 打印通常是采用数字技术材料打印机来实现的，常在模具制造、工业设计等领域被用于制造模型，后逐渐用于一些产品的直接制造，已经有使用这种技术打印而成的零部件。该技术在珠宝、鞋类、工业设计、建筑、工程和施工（AEC）、汽车、航空航天、牙科和医疗产业、教育、地理信息系统、土木工程、枪支以及其他领域都有所应用。

2. 发展过程

3D 打印技术起源于 19 世纪末的美国，至今已有百年历史（见图 3-22）。起初，因为技术存在缺陷并且造价过于昂贵，并没有发展和推广。直至 1986 年，美国科学家 Charles Hull 开发了第一台商业 3D 打印机（见图 3-23），该项技术才慢慢被人们所认知，就此，3D 打印技术的市场被正式打开。1993 年，麻省理工学院获得了 3D 印刷技术的专利。2013 年，美国完成了世界上第一个 3D 打印建筑架构。至此，3D 打印技术开始在各领域被广泛应用，并且在建筑方面也体现出比传统建筑方法的先进之处。

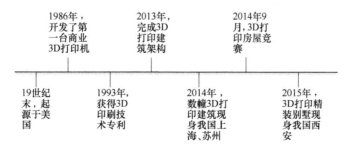

图 3-22　3D 打印技术发展

图 3-23　第一台商业 3D 打印机

　　2014 年 1 月，数幢使用 3D 打印技术建造的建筑亮相于我国苏州工业园区。这批建筑包括一栋面积为 1100m² 的别墅和一栋 6 层居民楼。这些建筑的墙体由大型 3D 打印机层层叠加喷绘而成，而打印使用的"油墨"则由建筑垃圾制成（见图 3-24 和图 3-25）。

图 3-24　苏州别墅外立面

图 3-25　苏州别墅内部家具

　　2014 年 8 月，10 幢 3D 打印建筑在我国上海张江高新青浦园区内交付使用，作为当地动迁工程的办公用房（见图 3-26）。这些"打印"的建筑墙体是用建筑垃圾制成的特殊"油墨"，按照计算机设计的图样和方案，经一台大型 3D 打印机层层叠加喷绘而成的。10 幢小屋的建筑过程仅花费 24h。

图 3-26　上海打印建筑

2014 年 9 月，世界各地的建筑师们进行 3D 打印房屋竞赛。3D 打印房屋在住房容纳能力和房屋定制方面具有意义深远的突破。在荷兰首都阿姆斯特丹北部运河边，一个建筑师团队制造的 3D 打印房屋采用的建筑材料是可再生的生物基材料。这栋建筑名为"运河住宅"（Canal House），它由 13 间房屋组成，已经成了公共博物馆。荷兰 DUS 建筑师汉斯·韦尔默朗（Hans Vermeulen）表示，他们的主要目标是"能够提供定制的房屋"。

2015 年 7 月，由 3D 打印的模块新材料别墅现身我国西安，建造方在 3h 完成了别墅的搭建。据建造方介绍，这座 3h 建成的精装别墅，只要摆上家具就能拎包入住。

3.12.2　国内外应用现状

1. 国外发展现状

国外的 3D 打印技术到现在已发展多年，"轮廓工艺"打印技术、"D-Shape"工艺、3D 混凝土打印技术现在都较为成熟。许多国家都已经认识到这个被称为第三次工业革命标志的技术对于工业乃至整个国家的发展都十分重要。3D 打印在建筑领域也日渐成熟，由荷兰建筑师简加普·鲁基森纳设计的"莫比乌斯环屋"就是运用打印技术建成的；迪拜推出了宏大的 3D 打印战略计划，计划 2025 年前 25% 新建建筑都均由 3D 打印技术建造。

美国 Apis Cor 公司为阿联酋迪拜市政府完成了一座两层行政大楼墙壁结构的 3D 打印。这栋办公楼高 9.5m，总面积为 640m^2，混凝土墙体由一台 3D 打印机打印而成。由于该建筑的总面积大于 3D 打印机处于静止状态时可达的打印面积，因此打印机需要通过起重机在施工现场移动，来打印所有的墙体。整个施工过程都是露天的，这意味着无法控制场地温度、湿度等环境因素。3D 打印材料的开发与测试都在恶劣的天气条件下进行，可满足露天施工的需求。

丹麦 Cobod International 公司开发出了大型 3D 打印设备，可打印长度为 27m，宽度为 12m，高度为 9m 的建筑物，希望利用该设备实现楼房的原位打印，目前该设备尚未实施打印实际建筑试验。

苏黎世联邦理工学院采用数字化技术，设计建造了三层楼的名为"DFAB House"的建筑，该建筑占地面积约 $200m^2$，位于一座名为"NEST"建筑的最上层，客厅内装有采用 3D 打印模板铸造的混凝土天花板及由建筑机器人创建的弧形混凝土墙，是首个结合智能家居和 3D 打印的大尺寸人居项目。

2. 国内发展现状

美国、欧洲率先开展了建筑 3D 打印技术应用探索，利用多种类型的 3D 打印设备，陆续打印出大量景观构件、单层房屋等。近两年来，建筑 3D 打印技术应用的发展逐渐由我国相关研究院所和企业引领，国际上大型 3D 打印建筑项目相关的报道较少。

虽然近两年国际上大型 3D 打印建筑项目较少，但美国、欧洲在 3D 打印设备、材料等方面的基础研究仍较我国有一定优势。中国混凝土与水泥制品协会 3D 打印分会利用协会平台，组织会员单位通过参加国际学术会议和前往国际优秀设备和应用企业调研交流，促进我国建筑 3D 打印行业的快速发展。

2016 年，住建部发布《2016—2020 年建筑业信息化发展纲要》，规定积极开展建筑业 3D 打印设备及材料的研究。结合 BIM 技术应用，探索 3D 打印技术运用于建筑物品、构件生产，开展示范应用。3D 打印混凝土建筑目前在国内还处于起步阶段，国内高校、研究院联合建筑单位正在研制和开发 3D 打印建筑技术，从建造逻辑、结构形式、建造技术方面与传统建造方式进行对比，理论上分析论证了 3D 打印建筑技术的可行性和应用趋势。

近年来，3D 打印技术在机械制造、航空、医疗等领域得到广泛的应用，并且逐渐拓展至建筑领域。3D 打印技术能够有效解决建筑传统施工中存在的手工作业多、模板用量大、复杂造型难以实现等问题，并且在建筑个性化设计、智能化建造等方面具有显著优势。

众多科研院所和企事业单位对建筑 3D 打印技术及材料进行研究，推动了我国建筑 3D 打印技术的快速发展。在国内相关政策的支持下，国内也有一些企业开始在建筑 3D 打印领域涉足和发力。2014 年 4 月中国盈创（上海）建筑科技有限公司首先通过建筑 3D 打印技术在上海张江高新青浦园区内打印了 10 幢建筑，截至 2020 年该公司已经利用建筑 3D 打印技术完成了别墅、公寓楼、简易房屋及其他一些用途的结构体的打印，取得了具有影响力的成绩；2019 年 11 月，中建技术中心完成了国内首例原位 2 层办公楼的打印，取得了开创性的成绩；北京陆海华商有限公司利用改进滑模工艺，打印了别墅项目，打印工艺使用含粗骨料的打印混凝土，并在打印墙体中设置了竖向钢筋网片，打印成果也具有很好的示范意义。此外，辽宁格林普 3D 打印公司开发了大型 3D 打印机，使用 C30 混凝土打印了配电房等建筑；南京嘉翼在 3D 打印公共设施、景观构件等方面进行了探索，取得可喜进展。除此之外，中铁、建研（杭州）、河南太空灰三维建筑科技有限公司等一些企业单位都对建筑 3D 打印设备、材料进行了研究，在应用探索方面投入了大量精力。

在实际建造中，建筑相对于其他工业产品尺度较大，相对于传统建造技术，3D 打印技术的成本高昂。所以，3D 打印技术在建筑领域应用的门槛关键在于成本，相信这一门槛的跨越只是时间问题。建筑 3D 打印技术与现有施工技术是互补的、相互依靠的关系。今后的

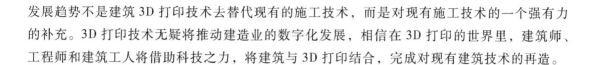

发展趋势不是建筑 3D 打印技术去替代现有的施工技术，而是对现有施工技术的一个强有力的补充。3D 打印技术无疑将推动建造业的数字化发展，相信在 3D 打印的世界里，建筑师、工程师和建筑工人将借助科技之力，将建筑与 3D 打印结合，完成对现有建筑技术的再造。

3.12.3 应用价值

1. 3D 打印在建筑业的应用有很多优点

1）较低的成本。打印建筑构件可有效避免材料存储成本，也可充分利用建筑垃圾等，形成资源循环利用；3D 打印建筑工期短，所需的劳动力少，劳工成本低。

2）塑形能力强。3D 打印适合异形混凝土构件的建造，可以实现中空、镂空制作，实现传统技术无法实现的形状。

3）环保性强。构件提前预制，建筑安装工程产生的建筑垃圾和灰尘等比传统方法少。

建筑 3D 打印技术作为一项高新制造技术，在建筑施工效率、人力节省、资源环保等方面有着明显技术优势。3D 打印建筑不需模板施工，一次成型，减少资源消耗，避免因返工和因尺寸差别而导致的资源浪费。同时，3D 打印技术具有设计自由、建造精确等特点，这为建筑师的设计工作提供了更大的空间与更好的条件，可以借助 CAD 软件，通过 3D 打印，实现各种复杂、创意设计。在材料、设备、施工技术等条件下，3D 打印技术在建筑施工领域的应用暂时局限在部分轻量级建筑、景观小品、构件中进行的技术试验和应用。随着技术的不断成熟，将逐渐拓展其应用范围。

3D 打印建筑技术在环保、施工技术、建筑业发展等方面具有的重要价值与意义。建筑 3D 打印虽然拥有广阔的应用前景，需要建立 3D 打印建造材料体系、3D 打印建造设备体系、3D 打印建造标准体系及 3D 打印建造示范工程体系。同时，通过不断的创新和完善使它能够与传统的建造技术完美融合、互为补充，是建筑 3D 打印技术发展的一个重要方向，它可促进建筑业转型升级，并与建筑可持续发展紧密结合。

2. 应用

3D 打印技术在混凝土材料的建筑上应用较多，包括一般的房屋建筑、特殊形状建筑、桥梁主体结构及辅助构件。

1）3D 打印房屋建筑。3D 打印房屋建筑是 3D 打印技术一个最重要的应用方向之一。建筑 3D 打印一般按照建筑设计三维模型打印墙体的外轮廓，中间通常为中空，墙体的打印外壳可以作为模板，中间填充混凝土或保温材料。

2）混凝土 3D 打印技术除了打印一般房屋建筑的用途外，另外一个潜在的应用途径就是打印经过设计师设计的特殊形状的市政公共设施、景观部品，甚至是大型的混凝土雕塑轮廓，这些特殊的应用也能够体现出混凝土 3D 打印的特点和优势。市政景观部品和设计的特殊造型的构件一般要求具有一定的色彩和装饰效果，一般水泥的颜色比较单调，而彩色 3D

打印混凝土能满足这样的要求。

3）3D打印桥梁主体结构及辅助构件。混凝土3D打印不仅在房屋建造中应用，也很适合在轨道桥梁工程中应用，特别适合打印桥梁工程、市政轨道工程中墩柱的模板。混凝土3D打印一些桥梁工程、市政轨道工程中的异形墩柱的模板，可以节省大量的模具费用，并且可以降低造价，打印的模壳作为永久结构部分不必拆除，对桥梁支柱可以起到良好的保护作用。

4）3D打印不仅可以打印桥体的构件模壳，还可以打印桥梁的围护栏杆构件，打印的构件具有良好的强度和耐久性。

5）3D打印公共设施。城市中的公共设施建筑一般具有小型化、多样化的特点，建筑3D打印针对这样的公共设施的建造相较于传统制模具有很大的优势。它既可以满足快速制作，又可以根据设计进行专业化的定制，具有良好的应用前景。这些打印的公共设施一般体积小、可以进行吊装移动，根据城市不同位置的需求进行打印预制，然后直接搬运到现场使用。

6）3D打印大型景观构件。3D打印在异形曲线路径的打印上具有独特优势，通过混凝土3D打印可以制作一些景观雕塑、小品，再进行后期的表面处理，提高作品的表观质量。3D打印工艺也可以实现建筑师的大胆设计，降低传统石材雕刻对环境的污染，节能环保。

7）3D打印异型小品构件。利用3D打印技术可以打印公园里的休闲桌椅、树、花池及一些宣传性的艺术字。这些构件通过定制模板一般很难完成或者成本很高，但是通过3D打印技术只需要根据设计图进行三维建模，然后将设计的图形导入打印机，打印出来即可完成。

8）3D打印防疫方舱。南京绿色增材智造研究院开发的南京市江北新区防疫测控方舱墙体的设计采用了BIM技术和模块化设计思想，将防疫测控方舱按功能划分舱室，以单元模块进行舱室构件打印，单元模块可快速安装，并可根据需求改变方舱舱室数量，由此实现快速建造并适配不同企业的具体需求，防疫测控方舱高为2.9m，集成了人脸识别系统、红外测温系统、AI大数据管理系统，并配有超声波雾化消毒装置和紫外线消毒装置等。

目前，在世界范围内建筑3D打印行业还处于探索和培育阶段，主要开展3D打印材料、设备等研发和小型构件的打印试验，采用3D打印技术建造大型基础设施和建筑的工程项目还很少，致力于建筑3D打印技术的企业数量和规模尚待增加。作为一个具有巨大发展前景的新兴行业，建筑3D打印行业需要国家政策的大力支持、基础研究的突破，也需要各研究单位的共同努力。

3. 作用

3D打印技术可以大大提高施工效率、提升施工环保性、降低施工难度、提高施工水平以及保证施工人员安全。

（1）提高施工效率　早期在进行建筑施工时，往往需要大量人力成本，从基础工作内容入手，逐步完成搭建。这种模式一方面会消耗大量成本，另一方面会损耗许多时间，整体施工难度非常大，效率极为低下。而在应用了 3D 打印技术之后，绝大多数工作都能交给设备完成，因此就能有效减少人力成本的投入。此外，整个工序具有一体化特点，使得施工项目的基本环节得到简化，进而提高了施工效率。

（2）提升施工环保性　早期在进行施工时，建筑物对材料部分有着非常高的要求，不仅各方面条件都要达到规定要求，而且整体投入也比较高。在施工结束之后，还会有大量垃圾出现，建材资源没有得到有效应用。3D 打印技术能对施工建筑的诸多材料进行打印，这些材料多数来源于废弃材料，因此能够有效降低施工投入，同时达到循环利用的效果，对现有的自然环境给予了有效保护。

除此之外，在施工影响方面也有改善。早期在进行施工时，经常会有大量噪声污染出现，并伴有大量粉尘和建材垃圾，不但会对施工环境造成巨大影响，而且会给周边居民的生活带来干扰。在应用了 3D 打印技术之后，基本上不再会有大规模施工项目出现，在降低噪声污染的同时，还能大幅度减少粉尘和垃圾，进而起到了环保的效果。

（3）降低施工难度　伴随社会的快速发展，人们对个性化需求方面有了更高的重视度。尤其是建筑设计，实际风格也变得极为多元。不仅如此，现如今人们普遍倾向于流线型设计模式，但这种模式的操作难度较大，给施工工作带来了诸多困难。3D 打印技术能够有效降低施工难度，提升建筑物结构的合理性，推动施工行业不断进步。

（4）提高施工水平　对于一些工程量相对较大的项目，有任何环节出现问题，都会对整个建筑物造成巨大影响。早期在进行建筑施工时，因受员工的能力限制，或者材料质量不达标，导致建筑施工未能达到预期效果。在应用了 3D 打印技术之后，对现有的材料进行重新分解，促使整个建筑物具备更为优秀的物理属性，使用寿命有所延长。同时将人为因素造成的负面影响降至最低，无论是精确度还是综合质量，都能得到有效保证。

（5）保证施工人员安全　在建筑施工中，需考虑到施工人员安全。由于建筑工程中有许多危险系数较高的项目，施工人员需进行高空作业，虽然会有相应的安全防范措施，但依然会存在事故隐患。有些施工人员缺乏安全意识，在操作时不够认真仔细，也会出现事故。应用 3D 打印技术不仅可以减少施工人员的投入，还可以对一些危险系数比较高的工作进行操作，保证施工人员的人身安全。

■ 3.13　智能建造与三维激光扫描技术

3.13.1　发展历程

三维激光扫描技术又称为"实景复制技术"，是 20 世纪 90 年代中期出现的新型三维测量技术。它以非接触式高速激光的测量方式，获取地形或者复杂物体的几何图形数据和影像数据，通过后处理软件对采集的点云数据或者影像数据进行处理，进而转换成空间坐标系中的位置坐标或模型，并可以以多种不同的格式输出，以提供满足空间信息数据库建库和不同行业应用的需要。

随着激光技术和电子技术的发展，激光测量已经从静态的点测量发展到动态的跟踪测量和三维测量领域。20 世纪末，美国的公司和法国的公司率先将激光技术发展到三维测量领域。该技术的产生为测量领域提供了全新的测量手段。美国宇航局已经在设计加工过程中成功应用了三维激光测量技术。

1960 年，科学家 Theodore Maiman 发现了红宝石激光，迎来了激光技术的新纪元。1965 年，L. Robert 在论文 "二维物体的机器感知" 中提出了利用计算机视觉技术获取目标三维信息的可能性，标志着三维扫描技术新纪元的开始。激光技术经过 20 世纪 60—70 年代蓬勃发展，表现出亮度高、强度大、波束窄等优点；在 20 世纪 90 年代被引入到三维测量领域后，三维激光扫描技术在精度、速度、易操作性等方面表现出强劲的优势。1997 年，El-Hakim 等人将激光扫描仪和 CCD 相机固定到一个小车上，形成一个硬件扫描平台，构建了一个数据采集和配准系统，用此平台实现了室内场景的三维建模，形成了地面三维激光扫描技术。

在国外，经过十几年的发展，地面三维激光扫描技术已经很成熟，并形成了颇具规模的产业。生产地面三维激光扫描仪的公司有美国的 Leica 公司、奥地利的 Rigel 公司、加拿大的 Optech 公司、澳大利亚的 I-SiTE 公司等。在 21 世纪初，该技术被引进国内，已引起众多行业的关注，相关研究和应用工作也随之展开。

3.13.2 国内外应用现状

1. 国外研究现状

三维激光扫描技术的应用依赖于三维激光扫描仪。自该仪器诞生之日起，发达国家便开始青睐于此。目前，美国、德国、加拿大和日本等国的几十家高精技术公司对三维激光扫描技术进行开发研究，已形成规模较大的产业，它们的产品在速度、精度、易操作性等方面已经达到较高的水平。当前世界上生产三维激光扫描仪的公司主要有瑞士的 Leica 公司、美国的 3D DIGITAL 公司和 Polhemus 公司、加拿大的 Optech 公司、法国的 MENSI 公司、奥地利的 RIGEL 公司、澳大利亚的 I-SITE 公司、瑞典的 Top Eye 公司以及日本的 Minolta 公司等。

（1）变形监测 Julien Travelletti 等人利用远距离地面式激光扫描仪连续 3 年（2007 年—2010 年）对 Super-Sauze 滑坡体（位于法国南部阿尔卑斯山脉）进行了数据采集，并从点云时间序列中提取有用信息，通过一种新的算法来简化它的三维配准，从而推断出三维形变及位移模式。该研究旨在提出一种可测量三维位移区域的方法并使用高密度地面激光扫描仪点云来判断滑坡体变形模式，以便推动该方法大量适用于大规模位移和坡体形态监测。对于该滑坡，通过应变分析，研究人员探测到局部地区展现出不同变形模式。研究得出的变形结果与使用 ICP 算法及 GPS 测量得出的变形结果基本相同。Rongjun Qin 和 Armin Gruen 对三维激光扫描技术应用于街面变化监测进行了研究。他们结合三维激光扫描技术和基于图像的移动测绘系统（MMS）技术（前期使用三维激光点云数据，后期使用地面图片），并使用新的算法来探测不同时期街道景观的变化，如城市基础设施管理及损坏监测，同时更新街面数据。这一研究对数字化城市建设具有很大意义。

（2）测量及安全评估　M. Francioni，R. Salvini 和 D. Stead 等人以意大利 Monte Altissimo 地区的 Granolesa 采石场为对象，研究如何交叉使用地面激光扫描技术、数字地面摄影测量法和地形测量法等来缓解遮挡物的影响以及从这些测量数据中获得的边坡几何数据对边坡稳定性评估的重要意义。该研究中强调了全站仪和不同 GPS 测量作为数据采集工具的重要性，通过比较激光扫描和数字地面摄影测量的 3D 模型而确定精度；此外，该研究还采用了两种不同的 3D 离散元（3DEC）方法来分析与基于地形测量地图的模型相对的地面遥感技术得出的数据优点和缺点。研究得出，地面激光扫描技术和数字地面摄影测量法可为岩石边坡几何结构建模和分析提供可靠的高精度数据。Luc Schueremans 和 Bjorn Van Genechten 等人以位于比利时鲁汶核心地带的 Saint Jacobs 教堂为主要研究对象，利用三维激光扫描技术的高效、高精度特点，获取三维点云并建立三维模型，来评估该教堂的稳定性，并用于建筑修复。该研究项目使用了高精度地面激光扫描仪，采集了 Saint Jacobs 教堂拱顶的全几何面，用于结构分析。在对原始数据进行过滤后，生成了 3D 模型，然后将 3D 模型转换成可用信息，用于结构的计算。

（3）文物保护及三维可视化　Sharaf Al-kheder 等人对约旦沙漠宫殿的三维可视化档案建设进行了研究。通过联合使用三维激光扫描技术、数字摄影测量及 GIS 技术，他们对位于约旦沙漠的倭玛亚沙漠宫殿进行了 3D 档案系统的建设，完整介绍了对所选宫殿（Amra 和 Kharanah）所进行的 3D 档案建设过程，包括激光数据和图像采集、点云拼接、三维建模以及宫殿外立面的多图纹理贴图。该档案体系的建设，融合了 GIS（作为 3D 档案建设的基础）应用，通过 Web GIS 与互联网连接，能够为不同用户提供宫殿系统的最新信息。同时，这对遗产管理、城市规划，以及对宫殿的监测、评估、修复及可视化参观有着重要意义。Entwistle、Caffrey 和 Abrahams 利用地面激光扫描仪进行考古研究，研究人员通过现场地貌测量，结合其他数据如泥土化学属性等，对考古遗址数据进行可视化分析和逼真的虚拟建模，还原遗址原貌，更好地了解遗址空间关系及地理原貌。在该项目中，研究人员使用了 GIS 平台进行数据分析，同时使用了 Co Viz TM（Dynamic Graphics Inc.）软件进行了 3D 可视化操作，它在地理科学上常用来查看多维地球物理和地质地下数据。该软件在渲染彩色点云方面的功能比较突出，允许人们查看高精度 3D 模型、航拍照片、卫星数据以及 Digital Elevation Model（DEM）信息。

（4）三维建模和可视化　Andrey V. Leonov 等人在 2011 年开始对俄罗斯莫斯科城市标志性建筑物 Shukhov 无线电塔进行了激光扫描及 3D 建模。该塔建于 20 世纪 20 年代，高约为 160m，尽管被认为是现代文化遗产，但长期缺乏专门的维护，它的损坏情况已达到警戒线。在原始项目及工程文件几乎丢失殆尽的情况下对该塔的原始结构和设计进行数字保存成了艰巨的任务。为完成此任务，研究人员使用了 Riegl VZ-400 三维激光扫描仪对该塔进行了激光扫描，利用扫描点云和现存绘图资料创建了多段线 3D 模型。在该研究项目中，研究人员不仅追求精度，还通过核实的可视化软件追求逼真的可视化效果（旨在建立精确的多段线 3D 模型，它的精度约为 1cm，并具备详细的细节，可进行逼真的可视化展示）。为实现 3D 可视化，该研究项目还使用了开源软件 Open Scene Graph 创建了一个可下载的虚拟遗产应用软件。Sahin、Alkis 和 Ergun 等人结合使用地面三维激光扫描技术和地面摄影测量技术，以伊斯坦布尔的塔克西姆广场为试验场地，对该广场进行三维建模，以作为城市规划者的参考资料。研究人员通过比较多种其他数据采集手段，最终确定了三维激光扫描和地面摄影测量手段，并通过 CAD 及 3Ds Max 等数据处理软件，借助比例尺为 1∶1000 的地图，完成了该广场的 3D 实体建模。研究结果证明，该方法可适用于其他城市的建模。如果街道条件允许，还可使用移动三维激光扫描仪进行三维数据采集。

（5）数字化信息提取　Jong-Suk Yoon 等人研究了激光扫描技术应用于基础结构管护的可行性。通过建立一个基于隧道激光扫描系统的试验模型，从激光数据中提取隧道混凝土衬砌的特征信息，达到隧道自动化监测的目的。研究人员使用新提出的过滤算法，并利用扫描数据的几何和辐射特征，提取了隧道衬砌上的附着物及物理损毁部分的信息，由于激光传感器的机械性及局限性，探测到的结果有一定的误差（无法清楚识别小于 5mm 的物理裂缝及附着物），但这可以通过升级激光扫描系统和增加点云密度来解决。

（6）其他应用　Stefan Paulus、Henrik Schumann 等人使用高精度激光扫描系统每 2~3 天对植物进行结构数据采集，对比分析其细胞生长情况及生长影响因素。

日本九州大学相关研究人员将高精度三维激光扫描仪应用于医学，使用该方法后，速度、舒适度、精度及再现性都有提高。

此外，三维激光扫描技术在国外还广泛应用于逆向工程、工业生产、数字城市、军事侦察等领域。

2. 在国内中的应用

（1）大型土木工程测量　主要针对道路、桥梁、隧道、地下坑道等土木工程，获取施工前的局部精细地形图，为工程前期的勘测设计提供支持，建立施工过程中和竣工后对象的三维模型，对施工进行指导和质量控制，并可以作为数字文档资料。例如，在道路工程测量中，利用地面三维激光扫描技术获取点云数据，对点云处理后，进行平面虚拟测量，DEM 建模，等高线、纵横断面模型生成。在京通高速公路大修中，采用此方法使精度完全达到道路设计要求。

（2）复杂工业设备、高压输电线路测量　复杂工业设备管线林立、纵横交错，对它们进行规划、拆迁以及改造，用传统的测量方法效率低下，而利用地面三维激光扫描技术，就可以高效精确地生成设备的 3D 模型，为上述工作提供可视化的三维模型。例如，在某化工厂改造中，由于工厂现状资料不完整，就利用地面三维激光扫描技术建立了该工厂真实的工厂现状模型，依据该模型很好地保证了工厂改造的设计质量，缩短了设计周期。在电网维护、电网设计以及各类交通工程中，采用传统测量方法对原有高压线路进行测量，安全性不高、准确性低，而采用地面三维激光扫描技术，可以在不接触的情况下获得准确数据。

（3）地质应用 在国内，地质方面的应用主要有地质调查、地质编录、地质环境监测、边坡安全检测、地质露头研究和地质裂缝研究等。在上述应用中，采用传统单点测量效率低下、安全性低、精确度不高，而采用地面三维激光扫描技术，可以非接触、安全、高效、精确地获得目标的三维坐标，建立三维模型，以便做进一步分析和应用。例如，在地质编录应用中，采用传统地质测量方法时，量测部位的选择将对岩体结构统计和岩体质量的评价产生重要影响，所以传统方法对测量人员的专业素养要求较高。而采用地面三维激光扫描技术，可以进行全开挖面编录，不会因测量部位选取的不同而造成误差，减少人为因素带来的误差。

（4）变形监测 传统的变形监测方法多种多样，主要方法有常规测量、GPS测量、全站仪+棱镜测量、近景摄影测量、传感测量等。利用常规测量方法进行变形监测，需要在变形体上布设监测点，由于监测点的数量有限、测量效率低、受雨雾影响大，所得到的信息很有限，不足以完全体现目标的整体变形情况。而地面三维激光扫描技术是基于面的测量，它得到的信息精度均匀、密度高，能发现变形体局部细节变化，扫描数据可任意截取断面，便于从整体上分析和评价变形体的稳定性。在国内，地面三维激光扫描多用于滑坡变形监测、地表沉陷监测、高层建筑物变形监测以及大坝、船闸、桥梁变形监测，并取得了良好的效果。例如，吴侃等利用地面三维激光扫描技术对河北某煤化工公司的焦炉进行变形监测，监测结果与同期进行的水准测量结果相吻合。

（5）文物保护 考虑到文物大小、形状以及安全性，不便更不允许在其上粘贴测量标志，即对文物进行测量时要求无接触测量。以前通过全站仪加近景摄影测量系统的工作方式，虽然可以将文物数字化，但这样做的成果只是真实三维场景的投影——二维数字线画图，不能直观地表达详尽的文物三维信息。而采用地面三维激光扫描技术得到高密度和高精度点云数据，以此建立文物精细表面模型，可对文物上任意点、尺寸进行测量。当文物遭到破坏后能及时而准确地提供修复和恢复数据。该技术在国内文物保护方面应用成果显著，如敦煌石窟数字化、大昭寺数字化、数字故宫、云冈石窟数字化以及四祖寺和五祖寺古建筑数字化等。

（6）土石方和体积测量 根据地面三维激光扫描技术获取的高精度三维点云数据，可精确地获得目标的体积。目前，国内在矿山开挖土石方测量、单株树木体积测量、大型舱容测量和大型存储罐体积测量等方面均有应用。

（7）事故现场模拟 通过对交通事故现场和犯罪现场进行详细而精确的细节测量，根据事故现场扫描的点云数据建立三维地面数字模型，并获得具有交互性、沉浸感的动画模拟效果，将事故现场的场景再现。通过对现场三维模型的分析，提取事故现场的相关信息，可为日后事故鉴定提供准确的空间信息，也可作为档案资料。在国内，该技术主要应用于犯罪现场模拟和公路交通事故模拟。

（8）其他应用 地面三维激光扫描技术在国内的其他应用还包括考古测量、带状地形图测量、数字城市建模、油气田设计和沙丘监测等。

近年来，三维激光扫描技术在我国矿山测量领域得到了大量研究和应用，特别是在露天开采边坡监测、露天矿储量管理、井工开采边坡监测、采空区安全监测、地表沉陷监测等方面应用较为广泛。但在应用过程中，出现了一些关键性技术问题，如面状地物特征点自动提取、高精度 DEM 生产过程中的点云数据滤波等。本书通过梳理和分析近年来该领域的研究成果，对我国矿山测量领域三维激光扫描技术的应用现状进行讨论，并对存在的问题进行归纳，供相关研究参考。

3.13.3 应用价值

1. 建筑制图

利用三维激光扫描可获得对象的点云数据，目前主要有两种用点云数据制图的方法。

第一种方法是根据点云数据生成正射影像，再根据正射影像绘制建筑平面、立面、剖面图。绘制过程是先利用三维激光扫描技术获取数据，再用算法优化点云数据，最后根据算法生成正射影像。这样计算出的数据包含每个扫描位置的空间数据，如纹理、颜色、反射率等，可用于含有复杂表面花纹的建筑以及壁画、雕塑等，将它们的空间数据保存。这种方法还能利用模型生成较精致的建筑立面图，相比于摄影，其排除了透视误差，拥有更高的精度。

第二种方法是将点云数据进行"薄片化"处理，并运用 CAD 软件将"点云薄片"生成二维线条图形，从而可绘制建筑的平面、立面、剖面图。需注意的是，该方法需将云密度控制在合理范围，从而兼顾图形的精细度和计算机硬件的负荷情况。因此，相较于第一种方法，该方法的数据处理速度更快，操作更简便，但图像精度方面略逊一筹，不适合绘制壁画、彩绘、雕塑等复杂形体和构图的精细化图样，仅适合绘制线型应用不复杂的建筑正视图。

2. 古建筑资料存档

我国的历史建筑在世界上独一无二且极具特色，但随着自然侵蚀和人为破坏等，已有大量古建筑随着时间而消失，这将是文化遗产研究方面的一大损失，为了保护这些建筑，可利用三维激光扫描技术将其空间数据收集，建立档案，以方便未来的修复和重建。三维激光扫描技术的数据采集效率和测量精度方面远超传统方式，并且它属于无接触测量，相比于传统方法能更好地保护脆弱的历史建筑。

3. 构建数字实体模型

随着信息化工程和 BIM 的发展，如今需要一种精确的方法检测施工质量和施工精度，从而减少施工时间和保证建筑的安全性。三维激光扫描技术很好地承担了这一任务，它能够将数字模型与实际工程联系起来，即时再现施工现场。它利用点云数据进行处理，形成建筑信息模型，方便检测建筑成果质量。在特异性建筑中该技术优势明显，如对管道支架的检测。管道支架是轴向骨架，由若干组管道支架（间距为 1.5~2.5m）组成，根据使用功能呈现各种复杂、弯曲的造型，且管道平整度要求优于±5mm。由于空间变化丰富，对尺寸精度要求较高，且管道是具有一定厚度的钢结构，因此在管道支架生产加工时，需要对加工精度进行检测以控制误差。采用传统测量方式工作量大，可靠性低，而三维激光技术可快速对每一根管道进行扫描，得到点云数据，建立编号，构建三维模型，再利用施工图建造管道模型，将两个模型进行空间数据匹配，成彩色对比图和偏差数据，得出偏差报告，从而解决问题和错误。该方法不但提高了测量准确度，减少了工作量，而且保证了管道支架的生产精度满足设计规范要求。

4. 建筑变形分析

传统的变形监测方法是基于固定有限的观测点进行监测，利用专用仪器和方法对变形体的变形现象进行持续观测、对变形体变形形态进行分析和对变形体变形的发展态势进行预测等的各项工作，只能反映建筑的局部形变情况，而三维激光扫描技术作为测绘领域的一次重大技术变革，打破了传统的接触式测量模式。传统的测量方式是在建筑的特征部位埋设变形监测点，同时在建筑上设置监测标志，定期比较监测标志与基准点之间的变形量，这种监测方式需要合理设置观测标志和基准点，难以完整、客观地反映建筑变形，而对于大型钢结构建筑，这种测量方式更加难以呈现建筑微小部位的变形，三维激光扫描仪能够快速、便捷地对建筑物进行全方位的测量，通过收集和比较不同时间点的建筑三维点云数据，不需接触建筑就可以反映建筑的微小变形。

5. 建筑设计与3D打印

3D打印技术是根据数字模型分层打印的技术，它实现了从设计蓝图到三维模型的转化，该技术可与三维激光扫描技术完美衔接。具体操作中，可以使用三维激光扫描技术构建数字模型，再利用3D打印技术将数字模型实体化，方便展示与参考。可以预见的是，这两项技术的结合必定会为建筑设计提供一种全新的设计思路。

■ 3.14 智能建造与数字测绘技术

数字测绘技术与传统测绘技术相比更具优势，建筑、交通、水利等应用传统测绘技术的情况较为多见。伴随现代化科学技术的发展，智能技术逐渐与测绘结合在一起，形成了数字测绘技术。

现代测量技术是时代发展的产物，改变了以往传统测量技术的弊端，充分融合了现代的科学成果，不仅使测量的过程更加方便和具有科学性，还使测量结果的准确性和可靠性得到了有效的控制，进一步保障了工程建设的进程和质量。

数字测绘和现代测量技术在建筑工程测量中得到了更为广泛的应用，该技术使得建筑工程测量应用服务逐渐完善，可满足建筑业发展的高要求。

3.14.1　发展历程

数字测绘现代测量技术涉及 GPS、GIS、遥感技术等。

1. GPS

GPS 是英文 Global Positioning System（全球定位系统）的简称（见图 3-27）。GPS 起始于 1958 年美国军方的一个项目，1964 年投入使用。20 世纪 70 年代，美国陆海空三军联合研制了新一代卫星定位系统 GPS。主要目的是为陆海空三大领域提供实时、全天候和全球性的导航服务，并用于情报收集、核爆监测和应急通信等一些军事目的，经过 20 余年的研究试验，耗资 300 亿美元，到 1994 年，全球覆盖率高达 98% 的 24 颗 GPS 卫星星座布设完成。

图 3-27　全球定位系统

GPS 系统的前身是美军研制的一种子午仪卫星定位系统（Transit），1958 年研制，1964 年正式投入使用。该系统用 5 到 6 颗卫星组成的星网工作，每天最多绕过地球 13 次，并且无法给出高度信息，在定位精度方面也不尽如人意。然而，子午仪系统使得研发部门对卫星定位取得了初步的经验，并验证了由卫星系统进行定位的可行性，为 GPS 系统的研制做了铺垫。

此后，美国海军研究实验室（NRL）提出了名为 Tinmation 的用 12~18 颗卫星组成 10000km 高度的全球定位网计划，并于 1967 年、1969 年和 1974 年各发射了一颗试验卫星，在这些卫星上初步试验了原子钟计时系统，这是 GPS 系统精确定位的基础。美国空军则提出了 621-B 的以每星群 4 到 5 颗卫星组成 3 至 4 个星群的计划，这些卫星中除 1 颗采用同步轨道外其余的都使用周期为 24h 的倾斜轨道，该计划以伪随机码（PRN）为基础传播卫星测距信号，当信号密度低于环境噪声的 1% 时也能将其检测出来。伪随机码的成功运用是 GPS 系统得以取得成功的一个重要基础。美国海军的计划主要用于为舰船提供低动态的 2 维定位，美国空军的计划主要用于提供高动态服务，然而系统过于复杂。由于同时研制两个系统会产生巨大的费用，而且这两个计划都是为了提供全球定位而设计的，所以 1973 年美国国防部将两者合二为一。

2. GIS

1956 年，奥地利测绘部门首先利用电子计算机建立了地籍数据库，随后各国的土地测绘和管理部门都逐步发展土地信息系统（LIS）用于地籍管理。1963 年，加拿大测量学家 R. F. Tomlinson 首先提出了地理信息这一术语，并于 1971 年建立了世界上第一个 GIS——加拿大地理信息系统（CGIS），用于自然资源的管理和规划。稍后，美国哈佛大学研究出 SYMAP 系统和 GRID 等系统。自那时起，GIS 就开始服务于经济建设和社会生活。在北美、西欧和日本等发达国家，建立了国家级、洲际之间以及各种专题性的地理信息系统。当今，GIS 系统已成为年增长率为 35% 的新兴技术产业，出现了诸如 Arc/Info、MapInfo 和 GenaMap 等著名软件，它们在城市建设、环境保护和社会发展等方面发挥了巨大的作用，随着科技的发展，GIS 发展的势头越来越迅猛。

3. 遥感技术

遥感技术始于 1957 年苏联发射的人类第一颗人造地球卫星；接下来，美国于 20 世纪 60 年代发射了 TIROS、ATS、ESSA 等气象卫星和载人宇宙飞船；于 1972 年发射了地球资源技术卫星 ERTS-1（后改名为 Landsat Landsat-1），它装有 MSS 感器，分辨率为 79m；1982 年 Landsat-4 发射，它装有 TM 传感器，分辨率提高到 30m；1986 年法国发射 SPOT-1，它装有 PAN 和 XS 遥感器，分辨率提高到 10m；1999 年美国发射 IKONOS，空间分辨率提高到 1m。

我国的遥感事业发展历程为：1950 年组建专业飞行队伍，开展航摄和应用；1970 年 4 月，第一颗人造地球卫星发射成功；1975 年 11 月，返回式卫星发射成功，得到卫星相片；20 世纪 80 年代空前活跃，"六五"计划将遥感列入国家重点科技攻关项目；1988 年 9 月，我国发射第一颗"风云 1 号"气象卫星；1999 年 10 月我国成功发射资源卫星。

我国数字测绘技术开始于 1978 年，它开创了空间定位技术以及遥感技术，着力攻克了精密水准网、天文大地网以及重力网平差问题。我国在 20 世纪 90 年代引进了 GPS 接收机。GPS 接收机不受天气影响，通过 24 颗空中卫星的信号，直接测定坐标。20 世纪 90 年代初期，计算机制图组相继成立，只需要在计算机上制图，然后就可以直接生成测绘草图。

3.14.2 国内外应用现状

美国在 GPS 现代化的过程中，提出了 GPS Ⅲ卫星的概念，GPS Ⅲ卫星是目前 GPS 系统目前正在部署的型号，属于第七代 GPS 卫星。第一颗 GPS Ⅲ卫星于 2018 年 12 月 23 日成功发射，第二颗于 2019 年 8 月 22 日发射。

随着 GPS 技术的迅速发展，GPS 在我国国民经济中发挥了越来越重要的作用，国产 GPS 的产业化步伐也在不断加速，主要表现在以下两个方面：

（1）瞄准并引进世界上最先进的 GPS 技术 近年来，国内知名 GPS 厂商都瞄准了世界上最先进的 GPS 技术，南方测绘、中海达、华测和苏一光都纷纷引进先进的主板。

目前，南方测绘推出了灵锐 S82T、S86T（T 代表天宝主板），中海达推出了 V30、V50 GNSS RTK，上海华测推出了 M600 GPS 接收机，苏一光推出了 A20 GNSS。

同时，我国引进了先进的机载多路径抑制技术和先进的低角度卫星跟踪技术，显著改善了 RTK 初始化。可以说，该技术的引进在一定程度上加快了国产 GPS 产业化的步伐。

此外，南方测绘、中海达、易测 GPS 接收机都采用了目前较先进的存储技术，即插即用式 U 盘设计，方便了数据的读取，提高了工作效率，让客户体验到了高科技的魅力。

（2）开发自主知识产权的主板技术　2010 年 8 月，上海华测推出了自主研发的 GPS 主板，该技术的研发历时 5 年，取得了多项发明专利和软件著作权，同时推出了新产品 R30 GPS 接收机，这是我国首款拥有自主知识产权的双频高精度 GPS 接收机。

华测 GPS 主板的研制成功，结束了我国 GPS 接收机主板依靠进口的历史，将 GPS 接收机的国产化步伐推进了一大步，从此打破了国外对我国的技术封锁，标志着我国 GPS 产业化步伐的加速。同时，对我国自主知识产权"北斗"导航系统的建设具有重要意义。

地面测量仪器不仅是地面测量技术中最为广泛应用的仪器，而且在工程项目测量中发挥着至关重要的作用，工程测量仪器的现代化体现就是地面测量仪器的应用。雷达系统和无线电导航飞速发展要得益于我国科学技术的不断进步，从而进一步促进了地面测量仪器的现代化发展。地面测量仪器的不断发展，不仅使其具备了一定的功能性，而且在很大程度上提升了测量结果的准确性，使其可测量覆盖的范围越发广泛。现代化的地面测量仪器的出现，大大提高了传统地面测量技术的效率，并且改善了以往在施工，道路和特殊地形方面测量数据的不稳定性，在很大程度上使工程项目的建设施工的质量和效率得到了提升。

现代工程测量技术中不仅包括 GPS 技术和地面测量技术，也囊括了摄影测量技术。该技术在近年来随着科学技术的发展和社会的进步，取得了重大的突破和提高。摄影测量技术不仅对工程项目有着至关重要的作用，而且由于准确度高和质量高的特性，得到了工程项目的广泛青睐。对摄影测量技术的广泛应用不仅可收集到完整准确的远距离数据信息，还在很大程度上提高了工作效率，从而进一步使户外测量工作的难度和精准度得到了有效的把控。在当今时代和高新技术的发展背景下，摄影测量技术随着时代的发展将数字化和自动化技术融入其中，不仅使测量数据结果的精准度和可靠性得到了很大程度上的保障，还促使摄影测量仪器具有数字化和自动化的特点。与此同时，极大地挖掘了摄影测量技术的发展和应用潜力，为它指明发展方向，并促使它又好又快发展。

3.14.3　应用价值

1. 关于数字化测绘技术的具体应用

1）数字图像处理。处理原始图形的成本很高，对于成本较低的建设项目，初期图样较难处理，因为项目的经济成本较低会影响项目的整体建设过程。为了增加经济效益并节省投资成本，一些建筑项目将通过使用数字地图和大地测量技术，以数字方式达到处理原始工程图的效果，确保加工质量，控制建筑成本，并显著提高工作效率，最终的成图效果更好，可以在设备上扫描和处理数字地图，以尽快满足建筑需求。为了增强处理效果，必须使用数字设备对原始图像进行技术转换和扫描，以实现矢量化处理，并且在没有人工干预的情况下提高扫描精度。但是，扫描的矢量化并不能保证一定不会出现问题。通常，在处理过程中只能显示底图，而其他表面细节则不太容易清晰显示。因此，矢量化扫描只需在紧急情况下使用。为了保证扫描的质量，可以使用一些辅助技术来有效提高数字卡检测的准确性，并且可以通过功能信息数字化来实现，这可以在某种程度上提高数字检测的准确性。数字化功能还可以在处理原始图像时执行野外测量点的测量，野外测量技术可以补充和还原数字，以确保地图的完整性。在制图过程中，必须将各种信息的使用收录进行数字化处理，做好数据挖掘和分层存储，确保数据科学化处理。在绘图时，要想获取更多的信息，则进行搜索和不断迭代，以确保数据及时更新。

2）数字化地形处理。数字化测绘技术也可以应用于数字化地形处理，这种测量方法能够解决各种测量任务。一般而言，以下两种仪器主要用于数字地面勘测：RTK 设备和全站仪。首先，技术人员可以使用 RTK 在空旷地区全面收集数据。RTK 设备可以收集微弱的信号，遮挡严重的建筑物也可以完整收录在内。之后，技术人员可以使用全站仪来验证 RTK 收集的数据的准确性，以提高检测的准确性。通常，数字地面勘测既需要 RTK 站，也需要全站仪。每种测量和制图方法都有自己的优势和特征，可以相互补充，从而获得更加准确的工程测量效果。

3）勘探应用。在现代工程和地质研究中，RTK 技术的使用非常普遍，并且在促进地图技术的发展中起着重要作用。在工程地质研究中，可以将差分技术和 GPS 技术结合起来，以获得准确的地形和地图信息。同时，将相位差用于数值观测，并使用三维坐标来优化地形图和地图信息数据，从而确保地质工程的高质量绘制。将数字测绘和大地测量技术应用到工程和地质研究中，可以体现出高精度和便利性的优势，确保大地测量工作的有效实施。

4）数字制图技术的应用。可以使用适当的建模软件进行数字制图和大地测量，确保各种测量数据满足建筑要求；还可以使用自动控制技术先生成数据和图形，然后将它们传输到计算机。数字制图技术不仅可以在分析过程中提供清晰直观的数据模型，还可以提高工程测量效率。数字制图技术使专业人员可以分析和归类工程勘测期间发生的现象，从而降低发生事故的可能性。

2. 数字测绘技术作用

1）精度更高。工程测量中的误差主要出现在两个方面，第一是读数及记录产生的错误，这在工程测量中十分致命，一些明显的错误往往能够根据经验进行排除，但是有些错误由于误差很小，导致难以通过人工进行排查确认，这直接导致了最终的测量结果和绘图结果出现错误，在一定程度上影响了整体的测量精度。

第二，人工测量的时候读数几乎很难保证精确，会产生一定程度的误差，这种误差主要来自于视线、角度等原因，大部分的误差在工程测量中都属于可接受的范围，不过由于工程

智能建造导论

测量中需要测量的数据量巨大，误差的累积就可能对测量结果的精度产生较大的影响。利用现代数字测绘技术进行测量，读数误差都能被消除，避免了误差的大量累积带来的精度影响，避免记录和读数产生的错误，因此精度得到了保证，实现了质变。

2）测量结果更加直观。在过去，人工测量得到相关的数据后，一般以表格的形式进行记录，虽然表格也非常直观，但是对数据应用人员有较高的要求，不仅需要相关人员具备过硬的专业素养，对于相关的工作经验也有较高要求，这无疑提高了测绘结果应用的门槛。现阶段，引入数字化测绘技术，例如对标注的坐标点进行数据测量，可同时对它们的物理信息和空间分布情况了如指掌，甚至直接借助计算机软件成图，丰富的图形信息使测量结果更加直观地展示，进一步降低了对于测绘人员的要求，简化了工作难度，提升了工作效率。

3）自动化程度更高，节约人力和物力。借助数字化仪器进行测量，相比于传统的工程测量，在精度上得到了提升。由于相关的科学技术在不断发展和进步，由此而来的是日新月异的测绘工具和仪器的发展，相应的计算机软件也在不断地提高，实现了软件和硬件的双向发展，测量人员在得到测量数据的同时，可以通过计算机和相关软件，进行时间数据的整理、筛选、计算、分析、模拟等工作，不仅增加了工作效率，还让从前多人合作完成的工作由更少的人就能更快、更好地完成，实现了人力的解放。相信随着自动化和电子信息技术、人工智能技术的不断发展，数字测绘技术的自动化和智能化程度将会有进一步的提高，人力和物力将会得到更大的节约。

4）测绘信息存储安全，调取方便。在传统的工程测量工作中，测量结果的保存非常难，很多时候原始数据丢失、缺损情况严重，造成了很大的麻烦，从社会发展的角度来讲，这无疑是非常不利的。例如，我国的大部分旧桥的加固和维修工作往往因为原始施工资料的缺失而导致施工人员无法了解水下部分、地下部分和隐蔽部分的真实情况，导致施工难度增加，无形中增加了成本，降低了施工效率和质量。

而数字化测绘技术的测绘结果直接保存在计算机中，随着移动存储和云存储技术的不断升级，测量结果可以实时传递到网络数据库中，即便测绘的仪器、处理数据的计算机发生了故障，数据仍然不会丢失。加上网络信息安全技术的不断升级和完善，测量结果将会越来越安全，后人的调取和使用也就更加方便，提高了整个社会的效率和效益。

数字测绘技术与传统测绘技术相比具有以下优势：一是可将建筑工程项目所处的地形、地貌等情况借助计算机模拟功能真实地模拟出来，并将其展示在屏幕上，直观地呈现在工作人员面前。此外，数据测绘技术可弥补传统测绘技术的不足，确保测量结果的精准性。二是数据测绘产品与传统测绘产品相比，在维护、使用以及更新方面更加方便，可确保产品信息的现实性，并且根据实际情况随时补充测绘数据，确保可以实时更新图样。三是数字测绘技术下得出的底图，可以借助计算机进一步规划和设计，能将不同设计方案汇总在一起并进行对比。计算机的辅助提高了测绘工作的自动化程度，使测绘工作更具科学性和规范性。四是数字测绘技术可满足不同用户的需求，在分析产品数据要素的基础上可促使不同用途的图件形成，能满足测量人员缩放与拼接图形的需求，更加确保了测量工作的准确性。

■ 3.15 智能建造与建筑机器人技术

3.15.1 发展历程

Warszawski 等人于 1985 年探讨了工业机器人的主要特征及应用特征，说明了它在建筑领域应用的可能性，他们将建筑活动分为几个基本组件，指定了执行所需的机器人的性能要求，然后分析施工过程和建筑部件的适应性，以有效应用这些机器人，并探讨了与施工过程机器人化有关的一些特殊问题。Skibniewski 等人于 1988 年概述和估计了将机器人系统应用于现场喷砂的成本和收益，分析了承包商对机器人设备投资的净现值，绘制了基于经济可行性的机器人采购价格结论。Koskela 等人于 1989 年报告了挪威和芬兰在 1988 完成的施工机器人可行性项目的结果，这个项目的目的是确定和评估在各自国家的建筑业来看最适合的建设自动化主题，为挪威和芬兰使用建设机器人提供了参考。Warszawski 等人于 1994 年介绍了其开发的一款可以用于室内装修的建筑机器人原型，它可以实现绘画、抹灰、平铺和砌砖石四个功能，描述了这四个任务的自动化执行模式，以及机器人实现的时间、成本数据和后勤考虑，并对不同的场地和就业条件下，这些活动在机器人实现与人工实现时的劳动投入和成本进行了定量分析，使机器人选项在未来更具吸引力。O'Brien 等人于 1996 年介绍了建筑、采矿和非传统领域的一些最新发展和机器人技术综述，介绍了各种商业和原型系统的详细信息，给出了一些限制发展澳大利亚的现场自动化和机器人工业的因素，并给出了有关建议。Slaughter 等人于 1997 年分析了 85 种现有施工自动化和机器人技术的选定属性，以检查建筑技术开发中的某些趋势和可能影响施工企业使用的技术属性，并确定了建筑机器人技术的不同优先等级。Balaguer 等人于 2000 年分析了引进自动化在建筑业中的开放性问题和影响因素，还分析了大量引入自动化的障碍和未来应用的可能性，这些分析集中在欧盟的房屋建设中，结果表明，与其他工业部门的进步水平比较，建筑业仍然需要更多的努力。

Kim 等人于 2003 年提出了一种改进的基于 Bug 的算法，称为 Sens Bug，它可以让建筑机器人在具有静止和可移动障碍物的未知环境中产生有效路径，可以产生有效和短路径的贡献是选择局部方向，反向模式和简单离开条件的改进方法，可用于实现智能建筑机器人。Bock 等人于 2004 年介绍了建筑机器人的发展历史及形式，并列举了建筑机器人在美国、欧洲以及日本的使用案例，论证了建筑机器人的发展趋势和优势。Bryson 等人于 2005 年设计出了一款新的铺路机器人，可以替代人类在现场进行铺路，使得施工现场的稳定性和效率得到了极大的提高，并可以降低工程项目的总成本。Yu 等人于 2006 年分析了现在的幕墙安装过程，并研究了结合商用挖掘机和 3 自由度机械手的自动化系统的潜力而新设计了一款幕墙安装机器人，该机器人具有与任何类型的商业化挖掘机一起工作所需的适应性，当工作人员移动到其他施工现场时，只需要将系统的 3 自由度操纵器部分转移即可，极大地提高了幕墙安装工程的效率和稳定性。Soar 等人于 2006 年通过改良工业机器人设计出了一款新的垒砖机器人，它带有一套新的末端执行器，可以自动抓取砖块并根据预设的逻辑关系将砖块以不同角度摆放到特定的空间位置，最终堆出一道带有建筑造型的砖墙。Kumar 等人于 2008 年综述性地介绍了机器人自动化的一些相关知识以及使用现状，并针对一个案例进行了研究说明，展示了机器人在建筑业的适用性和潜力。Woo 等人于 2008 年开发设计出了一款新颖的路面喷绘机器人，它的稳定性高、喷绘质量好，且体积轻便，易于装在现有的商业卡车上，可以有效避免人工喷绘过程所带来的危险，取消了耗时的手工操作，具有很高的价值。

Milena 等人于 2012 年设计出一套新的建筑机器人，可以生产出非标准造型的混凝土构件，甚至是拥有复杂双曲面网格的混凝土构件，同时比传统方法节约更少的时间和材料，大大地提高了生产力。Khoshnevis 等人于 2013 年提供一个系统的解决方案，以提高构建定制建筑物的整体轮廓制作系统的效率，他们首先提出了一种方法来找到单喷嘴轮廓加工系统的最佳机器操作计划，然后提出了其他方法来确定具有多个喷嘴的机器的无碰撞操作计划，优化了 3D 打印建筑的路径规划和施工质量。Chu 等人于 2013 年开发出一款可以自动焊接拼装钢梁组件的机器人，并在实际的工程项目上进行了大量的测试，结果表明，该机器人可以有效提高施工的效率和安全性。King 等人于 2014 年开发了一种用于机器人瓷砖放置的集成数字工作流程，允许现场使用工业机器人进行现场平铺表面，克服了现有方法的局限性，并通过专家访谈、现场研究和文献研究的方式，整合了行业实施的规范，极大地提高了生产效率。Werfel 等人于 2014 年根据白蚁行为设计出了一套可以进行多机构建设的建筑机器人系统，该系统包含三个自主运动的机器人用于定位，并实现了建筑造型的堆积，是世界上第一台仿生学建筑机器人。Gramazio 等人于 2014 年开始使用无人机进行建设活动，由一台中央计算机负责无人机运动数据采集、算法运算和运动指令发送，使无人机群能够自主完成拼装的各项工作，最后搭建了一个 6m 高的大尺度曲线形构筑物。Huston 等人于 2014 年开发出了结构检测机器人，该研究把自动化和机器人结构感测系统所获取的数据的工作纳入建筑信息建模系统，从而形成一个全面、智能的结构健康管理系统。该方法可以产生大量的数据量，处理效率远远超过手工算法，极大地提高了生产力。Eversmann 等人于 2017 年开发了一种用于木材施工的机器人，可以使用减法外部工具组合进行切割、钻孔和添加机器人操作，从而实现大规模的空间制造，通过自动化技术和创新的反馈过程，系统可以通过对施工过程中不同材料尺寸的反应来减少材料浪费，该研究展示了全球第一个双层机器人组装木结构的概念。Dharmawan 等人于 2017 年开发一种通用轻量级手动操作的建筑机器人平台，它可以作为一个简单的附加装置，在其上安装任何轻便的工业机器人，能够快速地集成到可用的脚手架结构中。目前的原型质量不到 50kg，便于携带，可轻松携带两人。该机器人系统需要很少的附加设置，并且能够进入以前只能由人类访问的施工现场的工作区域。Wang 等人于 2017 年回顾了机械外骨骼的现状及它在不同领域的应用，说明了机械外骨骼如何有利于提高工程项目现场工人的施工效率，并讨论了机械外骨骼在建筑业的挑战和机遇。

刘海波等人于 1994 年论述了建筑机器人的关键技术、使用类别、应用环境及世界各国的研究使用现状，并预测了建筑机器人的发展趋势和所能发挥的巨大能量，为我国建筑机器人的发展提供重要的参考。吴成东等人于 1998 年总结了国内外建筑机器人技术所实现的功能和研究情况，并介绍了世界各国在该领域所研究出的机器人类型及功能，最后探讨了建筑机器人的发展潜力。周友行等人于 2002 年介绍了建筑机器人可以在工程上实现的功能，指出了国内建筑机器人应重点在自动化、智能化以及产业化三个方面的发展，同时阐述了建筑机器人发展中应注意的问题和遵循的原则。刘英于 2006 年建筑机器人的发展做了简单的梳理，点明了机器人施工所需要的关键技术，并对我国建筑机器人的未来进行了展望。顾军等人于 2007 年说明了国内外使用建筑机器人的功能类别，推测了建筑机器人发展的新趋势，即软件系统和硬件系统应当进行很好的结合。马宏等人于 2015 年介绍了全球建筑机器人的使用类型及所实现的功能，总结了国外建筑机器人的商业化模式，并从技术模式和商业模式两个角度对国内的建筑机器人厂家提出了一些建议，并阐述了发展建筑机器人会为建筑类高校带来的优势。柳洪义等人于 2002 年介绍了一种贴瓷砖机器人，工人可以对其输入相关参数，建筑机器人会自动读取参数，并结合周边环境去自动贴瓷砖，极大地提高了施工现场的施工效率。李长春等人于 2006 年提出了采用机器人搬运水泥袋的想法，并设计出了一个可以自动夹取和搬运水泥的新型机器人，极大地提高了施工现场材料运输的效率，减少了水泥搬运的时间和人力，降低了水泥搬运的成本。李林青等人于 2011 年针对传统施工方法的缺陷，设计出了一种可以自动运行的龙门式建筑机器人，推动了建筑机器人在自动化领域的发展进步。杨冬等人于 2013 年根据建筑幕墙安装工法的特点以及工程项目现场的环境特征，有针对性地研制出了安装幕墙机器人，样机在实际工程测试中表现良好，可以实现建筑幕墙的自动安装。张利霞于 2015 年设计了一种可以为高层建筑清扫外墙的机器人，其主体结构包括机械机构和控制器系统，不仅安全可靠，还能减轻操作人员的控制难度，并通过实例验证了高层建筑外墙清扫机器人控制系统的可行性。刘强等人于 2015 年开发出了一套爬壁动机器人，可以在墙面上完成检测、喷漆、除锈、清洁等功能，并进行了项目实测，可以有效完成设计的功能，把工人从危险恶劣的工作环境中解放了出来。吕志珍于 2015 年介绍了钢结构焊接机器人在国内建筑的应用情况，分析传统钢结构施工方法存在的问题，在指明现在国内钢结构焊接机器人的优缺点后，对它的未来发展进行了展望。于军琪等人于 2016 年研究了国内建筑市场面临的局势，指出了使用建筑机器人的必要性和迫切性，从使用功能上对建筑机器人进行了分类，并为促进建筑机器人在国内的发展提出了建议。沈海晏等人于 2017 年通过机械化和智能化两个方面，阐述了在附着式升降脚手架基础上发展的机器人爬架的特点，并提出了未来高层建筑施工机器人必然以机器人爬架为平台载体，向建筑机器人生产线发展的趋势。

3.15.2 国内外应用现状

1. 国外建筑机器人发展状况

日本清水株式会社于 20 世纪 80 年代首次研发出世界上第一台建筑机器人，即 SSR-1 的耐火材料喷涂机器人。之后几十年内，建筑机器人备受世界各国重视，并得到快速发展，在工程中获得一定程度的应用。根据使用功能不同，建筑机器人可分为墙体施工机器人、装修建筑机器人、维护建筑机器人、救援建筑机器人、3D 打印建筑机器人等五类，本书从机械结构和控制系统等方面，系统综述国内外应用领域及其关键技术。

（1）墙体施工机器人　世界上第一台用于墙体施工机器人雏形是由日本研发的 TKY·HI 型堆石机器人。随着墙体施工质量提升，砖块的尺寸随之变宽，这导致建筑施工人员作业难度系数变大，为了有效地解决这些问题，欧盟于 1994 年提出"计算机集成制造装配机器人系统"的研究项目。在这基础上，德国、比利时和西班牙等研究人员合作研制 ROCCO 型建筑砌墙机器人，该机器人自带自动声呐导航控制系统，采用液压控制方式完成砖块砌筑。与当前纯手工砌筑相比，可大大地减轻相关建筑工人的施工负担，但它受建筑高度、季节性天气等因素影响较大，未受到建筑公司青睐。

近年来，由于建筑施工事故率高、企业用工成本大幅度上涨等原因，墙体施工机器人重新获得建筑公司重视。典型代表有德国杜伊斯堡埃森大学研发的悬挂式墙体施工机器人（见图 3-28）、Hadrian X 墙体施工机器人（见图 3-29）。

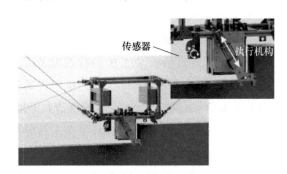

图 3-28　悬挂式墙体施工机器人

图 3-29　Hadrian X 墙体施工机器人

德国杜伊斯堡埃森大学研发的墙体施工机器人能够实现砖块半自动砌筑，该机器人质量为 250kg，利用传感器收到信号，使执行机构中夹具装置夹紧，再通过电动机驱动钢丝绳，改变末端执行器的位置，实现砖块安装。其中，通过倾角传感器和间隙传感器等能够顺利实现砖块的精确定位，并配备基于压阻式应变式原理设计与数字滤波等技术的力学传感器实时监测砖块的受力情况，从而在一定程度上节省砖块因受力过小而滑落的重新定位安装的时间。

澳大利亚 Fastbrick Robotics 公司是一家专门从事大型墙体施工机器人研发的公司,该公司研制了多款用于墙体施工的大型机器人。其中,Hadrian X 墙体施工机器人由运载装置、6 轴工业机械臂、机械手三部分组成。它运用 3D 计算机辅助设计软件绘制出住宅模型,自动判断砖块放置的位置,利用吸盘抓取砖块,具有 6 个自由度的机械臂能够实现砖块的各个方向的安装。

对比以上两款典型的建筑机器人的机械结构和控制系统可知,德国杜伊斯堡埃森大学研发的墙体施工机器人体积小,质量轻。在操作中,需要人工协同作业,与传统的机器人作业相比可节省 6.5% 左右的成本;而 Hadrian X 墙体施工机器人采用巨型卡车运输方式,体积庞大,质量大。经过一系列测试,该机器人可在 1 h 内砌砖 1000 块。

(2)装修建筑机器人 随着人们生活水平的提高,人们对室内外环境要求日趋严格,装修艺术特征的变化,导致装修难度系数变大。为了有效解决这些问题,研究人员在该领域做了大量的研究,取得了一定成果。典型代表有韩国仁荷大学与大宇建筑技术研究所合作研发的一款外墙自动喷漆机器人(见图 3-30)。

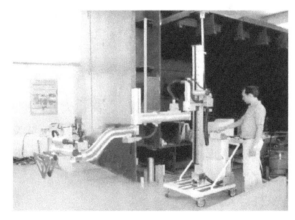

图 3-30 外墙自动喷漆机器人

该机器人能够实现全自动喷漆。它的喷漆装置零部件包括压缩机、油漆罐、刷子、流量传感器、油漆测厚仪,采用基于 PID 恒流量控制系统对喷漆的流速进行精确控制。它最大优势在于实时监测周围风速大小,自动地改变吸盘吸力大小,确保所有的操作稳定地进行。经测试,该机器人可以 0.11m/s 的速度移动喷漆。

(3)维护建筑机器人 随着时间推移,任何建筑都需要定期清洗、检查和修复。对于鳞次栉比的高楼,采用传统人工维护,不仅维护费用过高,也无法保证维护的质量。因此,研究人员开发了相应的机器人,典型代表有日本电机大学研发的可重构模块化外墙体清洗机器人、Rise-Rover 型机器人。

日本电机大学成功研制出一款可重构模块化外墙体清洗机器人,如图 3-31 所示。该机器人由清洗装置、双足模块和控制模块三部分组成,利用基于逆运动学和第五次多项式插值的顺序控制,生成所需的阶跃性步态。它的主要优势在于模块化设计,这不但可实现功能性扩展,而且节省成本。试验已证明,该机器人可实现以 155s 为周期的动作循环清洗外墙表面。

Rise-Rover 型机器人由美国纽约大学研制，用于检测混凝土质量，如图 3-32 所示。为了能够实现在墙面上稳定地移动，研究人员在原有的动力传动系统基础上，更换了带孔履带和安装吸力装置，采用基于 PID 控制技术的吸力装置控制器，实现压力控制和鲁棒控制快速响应；同时，将扩展卡尔曼滤波器应用到动力传动控制系统中，提高电动机转速估计精度；立体视觉测量装置结合冲击传感器技术，实现图像实时捕捉和检测，检测混凝土质量。经过一系列测试，与以往手工检测相比，该机器人对混凝土质量检测数据的误差在 10% 左右。

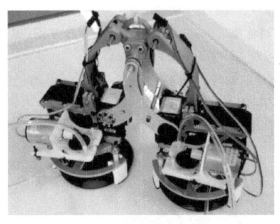

图 3-31　可重构模块化外墙体清洗机器人

图 3-32　Rise-Rover 型机器人

（4）救援建筑机器人　随着社会经济快速发展，高楼大厦拔地而起。但在一些自然或人为灾难中，传统的人工或人机协同救援不仅难度系数较大，也危及救援人员的身心健康。为了抓住宝贵的救援时间，最大限度地降低经济损失和避免或减少死亡人数，相应的机器人应运而生。典型代表有日本东北大学研发的多机器人协同救援系统、波兰矿业冶金大学研制的 Capo 型全自动救援建筑机器人。

多机器人协同救援系统由日本东北大学研制。该多机器人协同救援系统由 Kenaf 型履带式机器人、Quince 型履带式机器人（见图 3-33）和 Pelican 型空中无人机三款机器人组成。其中，Kenaf 型履带式机器人配备机载旋转激光扫描仪，能够提供丰富的周围三维云图；Quince 型履带式机器人配备红外传感器，能够自动打开和关闭无人机停机坪锁紧装置。为了缓解无人机起降的冲击和实现在各种复杂的环境中移动，研究人员在 Quince 型机器人停

Kenaf型履带式机器人　　　　Quince型履带式机器人

图 3-33　Kenaf 型履带式机器人以及 Quince 型履带式机器人

机坪表面安装一层泡沫，并在 Kenaf 型与 Quince 型机器人控制系统中均结合了 MS-EKF 信息融合方法、神经网络控制的机器人避障算法、红外线传感器测距原理电子罗盘测角原理。经测试，该多机器人协同救援系统能够顺利完成灾难后的危楼环境监测，实时反馈给救援人员。

波兰矿业冶金大学研制一款 Capo 型全自动救援建筑机器人，如图 3-34 所示。为了在该机器人在探索未知建筑内部环境时，不重复已行驶过的路线，研究人员将粒子群优化算法和贪婪算法应用到该机器人的路径规划中；为了能实现实时测距、避障的功能，采用一种基于单目视觉技术的视觉控制系统。试验已证明，该机器人能够实现具有较高精度的快速轨道跟踪，对外界干扰具有较强的鲁棒性，与传统的救援建筑机器人搜寻相比，可节省 30% 时间。

图 3-34　Capo 型全自动救援建筑机器人

（5）3D 打印建筑机器人　3D 打印建筑机器人集三维计算机辅助设计系统、机器人技术、材料工程等于一体。区别于传统"去材"技术，3D 打印建筑机器人打印技术体现"增材"特征，即运用已有的三维模型，用 3D 打印机逐步打印，最终实现三维实体。因此，3D 打印建筑机器人技术大大地简化了工艺流程，不仅省时、省材，还提高了工作效率。典型代表有 DCP 型 3D 打印建筑机器人、3D 打印 AI 建筑机器人。

美国麻省理工学院研制出一款用于建筑施工的 DCP 型 3D 打印建筑机器人，如图 3-35 所示。该机器人由运载装置、机械臂、机械手和储存装置 4 个部分组成，利用机械手中的喷嘴喷出聚氨酯泡沫（这种泡沫可瞬间固化成建筑材料），具有 6 个自由度的机械臂能够实现

图 3-35　DCP 型 3D 打印建筑机器人

喷嘴的各个方向的移动，因此可以制造出不受尺寸限制的建筑物。经试验已证明，该机器人可在 14h 内，完成打印一个直径为 15m、高为 3.7m 的圆形墙体。

英国伦敦 Ai Build 创业公司研发的 3D 打印 AI 建筑机器人集 3D 打印、AI 算法和工业机器人于一体，如图 3-36 所示。该机器人为了避免盲目地执行计算机的指令，在原有的控制系统中，添加基于 AI 算法的视觉控制技术，这样可将现实环境和数字环境构成一个有效反馈回路，实现机器人自动监测打印过程中出现的各种问题，并进行自我调整。经测试，该机器人用 15d 时间完成长为 5m、宽为 4.5m 的代达罗斯馆打印，大大提高了 3D 打印的效率。

图 3-36　3D 打印 AI 建筑机器人

2. 国内建筑机器人发展状况

我国对建筑机器人方面的研究较少，主要集中在高层建筑外墙清洗和建筑施工自动化安装方面，如江西理工大学研发的高楼幕墙清洗机器人、863 研究项目中的室内板材安装机器人等。其中，江西理工大学研发的高楼幕墙清洗机器人集移动、清洗和吸附于一体，由楼顶辅助机装置、清洗装置、真空吸盘吸附装置、驱动装置 4 个部分组成。经一系列测试，该机器人能够实现以 $0.3m^2/s$ 的速度移动清洗；863 研究项目中的室内板材安装机器人的机构以混联式为主，它运用蒙特卡罗法和截面法相结合来判断工作所需的空间。试验证明，该机器人能够实现对 50kg 重的板材精确安装，重复精度可达到 0.5mm。

综上所述，建筑机器人技术还处于探索和研发阶段，未能在建筑业得到广泛应用，并且建筑业分工明确，导致建筑机器人开发具有针对性。为了有效解决这些问题，仍需要研究相关的机器人技术，填补此空白。

建筑机器人与装配式建筑融合是符合现代建筑业的发展需要。我国 PC 设备自动化程度不高，没有达到国际的标准化水平，有的工序还处于人工施工阶段，如混凝土浇筑设备不能精确定量，需要人工增减调节；钢筋加工设备仅能自动加工标准网片；拆、布模完全依赖手工；原料及成品运输缺少智能化的运载工具；抹平设备无法处理有预埋的构件等。但是我国在建筑业也积极研究及引进先进技术与设备，这对提高建筑业的工作效率，保障工程质量都起到重要作用，也是建筑业提高竞争力的重要因素。三一筑工科技有限公司推出的新生产线自动化程度有明显提高，引入了拆、布模机器人（见图 3-37），集边模识别、抓取、归库、画线、布模等功能于一体，极大地提高了模板操作效率。

图 3-37　三一筑工的拆、布模机器人

2020 年 2 月，我国房地产公司碧桂园首批 9 款 43 台建筑机器人"正式上岗"（见图 3-38）。截至 2020 年 9 月，该公司已有 40 款机器人投放工地测试应用。

图 3-38　抹平机器人

3.15.3　应用价值

机器人技术进入建筑业领域是技术及时代发展的必然，由此将催生建筑业的一次革命。归结起来，建筑机器人的提出背景及意义体现在以下几个方面。

1）建筑机器人是提升营建效率的必由之路。在现在的建筑施工中，虽然已有大量机械设备参与，但更多的工序还是有赖于手工作业，导致建造周期长，而采用机器人技术，可使建造效率大幅提升。以欧美的标准民居为例，传统人工作业的平均建造周期约为6~9月，但若采用机器人3D打印技术，建造周期可缩短至1~2d。这意味着遭遇地震、泥石流等灾难后，灾民可以快速完成居所重建，保障其基本生存条件，这在以往是无法想象的。

2）建筑机器人是保障施工人员安全、提升工作品质的必然选择。建筑业是公认的高危行业，伤亡率仅列于矿山与交通事故之后。例如，在美国，建筑业每年造成约40万人死伤，这已成为严重的社会问题。此外，建筑施工人员的工作条件差，繁重的操作，充斥着泥浆、粉尘、噪声、震动等的工作环境，极大地危害着从业人员的身心健康，导致职业病高发。若要将建筑工人从中解脱出来，就现有技术发展水平来看，机器人技术或是破解这一难题最佳，也可能是唯一的途径。

3）建筑机器人是人力资源日益短缺的必然选择。随着社会老龄化，青壮年劳动力的供给将日益紧缺。加之建筑业所具有的"危、繁、脏、重"属性，若未来建筑业不能成功去除这些不利标签，"重塑"自我形象，势必无法吸引年轻劳动力进入这一行业。以澳大利亚为例，2015年该国泥瓦匠的平均年龄已达55岁，若短期内无法吸引更多的年轻人加入，5~10年之内该国便面临无工可用的尴尬局面。

4）建筑机器人是构建节约型社会的时代诉求。建筑业属于资源需求极为密集的行业，而传统的手工作业方式流于粗放，建材使用不能精确控制，导致营建过程的材料浪费巨大。据美国有关部门测算，一栋普通民居建造过程中的材料浪费率高达40%。此外，老旧建筑的拆除后，资源化回收的观念目前还未形成，除钢筋等少数金属材料外，其他材料均被作为建筑垃圾填埋，这种资源浪费的规模难以估量。事实上，若采用建筑机器人代替人工施工，通过合理规划和精细化作业，可大幅减少原材料浪费，甚至实现零浪费；利用机器人技术也可以实施老旧建筑材料的回收再利用。这些无形之中将会降低建筑成本，也符合构建节约型社会的时代价值要求。

5）建筑机器人是实现人与自然和谐发展的有效途径。传统建筑施工均为"侵入式"开发（先开挖破坏原有植被），这一方式对自然环境的破坏性很大。此外，建筑施工期间产生的固体垃圾、废水、有毒有害物化学物质也会对环境产生很大危害。水泥、钢材、玻璃等原材料的生产对于环境的污染也很大。在倡导环保的时代大背景下，如何实现更具环境友好性的营建开发，减少垃圾及废物排放，提高原材料的利用率，均是时代对于建筑业革新的迫切要求。而以建筑机器人为代表的数字化营建技术，有望彻底重塑建筑业的面貌，实现真正的绿色环保、无污染的营建。

最后，从建筑技术的演进与革新的角度出发，机器人技术有望搭建起连接设计概念与实体之间直接沟通的桥梁，使得建筑师的构想能够更为快速地变为现实。正如ETH Zurich的建筑与数字建造专家Gramazio&Kohler所认为的那样：以建筑机器人为代表的数字化建造（Digital Fabrication）技术是连接数字世界和物质世界的有力工具，它让在虚拟环境进行的创意和设计，从数字信息进一步变成物质的现实。建筑机器人技术在重复生产上更有效率，也可在非标准建造上实现人工所无法实现的可能性。

若建筑机器人技术得以大规模投入应用，这对于建筑业的意义绝不亚于"脱胎换骨"。

机器人技术改变的不仅包括施工方式，还包括实施营建的理念。整个建筑业体系从设计、营造到使用、维护，将因此得到重塑，低效、危险、污染、浪费、劳动力密集等行业标签将成为历史，高效、环保、创意、智能、自动化将成为机器人时代建筑业的新标签。

思 考 题

1. 智能建造发展有哪些技术背景？

2. 简述 BIM 的含义及其在智能建造中的应用。

3. 简述 GIS 的含义及其在智能建造中的应用。

4. 什么是物联网？它在智能建造中的应用有哪些？

5. 数字孪生技术是怎样运用到建造过程中的？

6. 简述云计算的内容及特点。

7. 简述大数据的内容及特点。

8. 5G 技术有哪些特点以及优势？

9. 3D 打印的应用价值有哪些？

10. 三维激光扫描技术与数字测绘技术有哪些优点？

第 4 章

智能建造系统

导语

智能建造的实现依赖于一套完备的系统，它被称为智能建造系统。智能建造系统是一个复杂的体系，包括工程立项策划、设计、施工和运维全过程的信息感知、传输和积累。智能建造系统面向建造过程全生命周期，构建基于互联网的工程项目信息化管控平台，在既定的时空范围内通过功能互补的机器人完成各种工艺操作，从而达到人工智能与建造要求深度融合的目的，实现建造生产水平提升。本章将首先介绍智能建造系统的架构，再对数字建筑平台的定义、事理逻辑、主要特征和架构体系做完整的阐述，最后提出智能建造执行系统的概念、架构、主要功能和应用。

■ 4.1 智能建造系统的架构

智能建造系统依附于数字建筑平台来架构，实现全方位、全过程的智能化。全方位是指建设方、设计方、制造厂商、供应商、施工方和运营方等全员参与；全过程是指设计、采购、制造、建造、交付以及运维的项目建设全过程；实现智能化是指运用智能设计、数字供采、智能生产、数字施工、数字交付、智慧运维等手段来实现智能建造（见图4-1）。

在智能建造系统中，建造阶段可分为智能规划与设计、智能装备与施工、智能设施与防灾、智能运维与服务四大模块（见图4-2）。

（1）智能规划与设计　智能规划与设计就是凭借人工智能、数学优化，以计算机模拟人脑进行满足用户友好与特质需求的智能型城市规划和建筑设计。

1）通过系统运用理论、方法和技术来模拟、扩展人类智能，从而实现机器代替人进行思考和工作。大数据分析、神经网络和深度学习算法的优化使人工智能在建设工程行业项目管理、结构分析、风险评估和设计等领域中脱颖而出。

2）建筑信息模型（BIM）：BIM以计算机辅助设计为基础，对建筑工程的物理特征以及功能特性的数字化承载与可视表达。

（2）智能装备与施工　智能装备与施工是凭借重载机器人、3D打印和柔性制造系统研

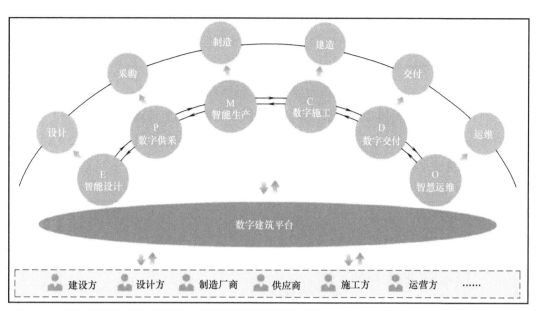

图 4-1 智能建造系统架构

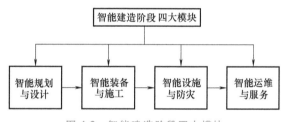

图 4-2 智能建造阶段四大模块

发，使建筑施工从劳动密集型向技术密集型转化。

1）智能装备：智能装备拥有感知、分析、推理、决策、控制等功能，是先进的制造技术、信息技术与智能技术的深度融合。先进制造技术和具有先进核心技术的机械装备智能化是一个工业发达国家的重要标志。

2）机器人：机器人在智能施工中起着极为重要的作用，对于某些空间复杂与有着表面渐变特征的建筑设计，机器人可以解决传统手工建造为主的模式的难题。

（3）智能设施与防灾 智能设施与防灾是凭借智能传感设备、自我修复材料研发，实现智能家居、智能基础设施、智慧城市运行与防灾。

1）建筑设备自动化系统（Building Automation System，BAS）：BAS采用现代控制理论与控制技术，利用信息技术对建筑物中的水电、空调、照明、防灾、安保和车库管理等众多设备或系统进行集中式监视、控制与管理的集成系统，从而使建筑物中的设备高效、合理地运行。

2）通信网络系统（Communication Network System，CNS）：CNS作为建筑物内语音、数据、图像等数据传输的基础，能为建筑物管理者及建筑物内的各个使用者提供有效的信息服务。CNS系统能对来自建筑物内外的各种信息进行收发、处理、传输并拥有决策支持的能力。

3）安防系统（Security Protection and Alarm System）：根据建筑安全防范管理的需要，综合地运用电子信息技术、计算机网络技术、视频安防监控技术和各种现代安全防范技术，以维护公共安全、预防刑事犯罪、灾害及事故为目的。

（4）智能运维与服务 智能运维与服务是凭借智能传感、大数据、云计算、物联网等技术集成与研发，实现单体建筑和城市基础设施的全生命周期智能运维管理。

1）城市、园区智能运维。基于云服务、大数据、物联网、BIM、GIS 等技术针对城市或园区中的建筑或设施等的智能运维系统。

2）建设工程智能运维。利用 BIM、物联网、云计算和大数据等技术对建设工程全生命周期的智能化运维。

■ 4.2 数字建筑平台

随着数字经济的蓬勃发展，各产业都在积极地进行数字化转型，建筑业依靠要素和投资驱动的发展模式已经难以为继，以数字科技创新驱动的发展模式将成为发展的主流。数字建筑平台将是赋能产业转型升级的新动能，先通过数字建筑平台在数字世界中进行虚拟设计与建造，再通过工业化的建造方式在物理世界中建造出实体建筑，改变传统建造模式，全面提升全产业链数字建造水平，推动我国由建造大国向建造强国迈进。

4.2.1 数字建筑平台的应用前景

2020 年全国两会期间，新型基础设施建设（以下简称"新基建"）被写入《政府工作报告》，为我国发展"新基建"按下了"快进键"。正如中国工程院院士丁烈云所述，发展"新基建"既包括对"老基建"的数字化转型升级，也包括在"老基建"领域发展数字产业。"新基建"本质上是数字化基础设施，以工业互联网为代表的数字基建将成为"新基建"的核心，更是数字产业的重点。

通过数字建筑平台的赋能，工程项目的建造方式将经历从"实体建造"向"虚拟建造+实体建造"的转变。这一转变可以通过数字孪生来实现。数字孪生是一种新兴的现代化信息技术，将物理对象以数字化方式在虚拟空间呈现，模拟其在现实环境中的行为特征。每个项目都通过虚拟建造和实体建造的两次建造，实体建造与虚拟建造相互融合，通过"项目大脑"，将生产对象、生产要素、管理要素等通过各类终端进行连接和实时在线，并对设计、施工生产、商务、技术等管理过程加以优化，提高工程建造的管理效率、决策效率和整体运营效率，助力实现工程项目精益实体建造（见图 4-3）。

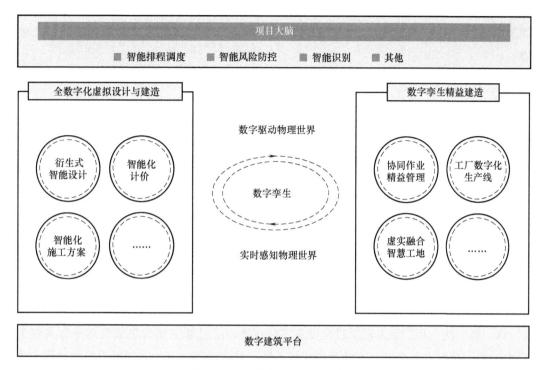

图 4-3 数字建筑平台的应用场景

4.2.2 数字建筑平台的事理逻辑

数字建筑平台作为建筑产业的互联网平台,将构筑起支撑产业数字化转型的"新基建"。它贯穿于工程项目全过程,升级产业全要素,连接工程项目的全部参与方,提供虚拟建造服务和虚实结合的孪生建造服务,系统地实现全产业链的资源优化配置,实现生产效率最大化,赋能产业链各方,实现让工程项目成功的目标。

数字建筑平台以数字孪生为基础,通过数字技术建立工程项目全过程、全要素、全参与方的泛在连接;产业链各方通过平台协同,完成建筑的设计、采购、施工、使用和运维,更高效地实现全产业链的资源优化配置;基于数据驱动,提供智能化服务。

在智能设计领域,衍生式智能设计有别于传统建筑设计"设计师方案构想+计算机辅助表达"的人机交互设计模式。通过人工智能、云计算和大数据技术,计算机自动探索解决方案的所有可能排列,快速生成设计备选方案,通过方案的迭代进行学习进化,从而得到满足条件的最优设计方案。衍生式智能设计将使设计人员从繁重的设计任务中解脱出来,极大地提升了设计质量和效率。衍生式智能设计正在给工程设计行业带来工作模式的变革,在设计方案生成、设计优化、深化设计等领域都开始应用实践。

在智能施工领域,在数字化设计模型基础上,附加工程建造所需的工艺、定额、工料等附加信息,形成智能化的施工信息模型。通过大数据和 AI 的赋能,在同类工程施工方案设计模板的基础上，结合项目特定施工约束条件，快速生成项目数字化施工方案，并实时计算方案资源需求，对方案进行分析、优化，形成工期、成本、质量等综合最优的数字化施工方案。

在智能运维领域，拥有着数字化的健康建筑分析，实现建筑性能更佳。健康建筑是在绿色建筑的基础上发展起来的建筑理念，与绿色建筑注重"设施设备的节能低碳"相比，健康建筑更加关注"使用者的舒适、健康"需求。利用数字技术可以在设计阶段对建筑健康空间进行模拟优化，在运维阶段进行数据驱动的智能运维管理。

4.2.3 数字建筑平台的主要特征

概括来说，数字建筑平台的主要特征表现为连接、协同、数智（见图 4-4）。

1. 连接

基于工程物联网的万物互联。数字建筑平台以工程项目为中心，通过工程物联网使"人、机、料、法、环"等工程项目全要素实时在线；通过数字项目集成管理平台实现工程项目全过程、全要素与全参与方的泛在连接；通过数字营销、个性定制等系统实现供给端与需求端的全面互联；最终形成数据驱动的项目、企业与产业之间弹性互补和高效配置的数字生态。数字建筑平台将实现从业单位数据、从业人员数据、工程项目数据、标准服务数据、信用征信数据等有效连接与整合，为建筑产业数据发掘与决策支持提供数据支撑。

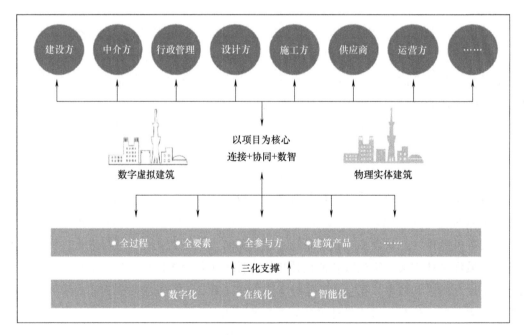

图 4-4　数字建筑平台的主要特征

2. 协同

以项目为核心的多边网络协同。产业链各方通过平台协同完成建筑的设计、采购、建造和运维,系统地实现全产业链的资源优化配置。在设计阶段,设计各方通过平台进行协同设计,交付数字化样品;在采购阶段,利用平台进行供需智能匹配、征信互查与智能合约服务,重塑数字交易场景;在建造阶段,通过现场需求驱动工厂生产与现场安装,实现建造资源的有效配置;在运维阶段,利用数据对建筑物空间和设施设备进行实时控制,为用户提供个性化、精准服务。

3. 数智

数据驱动的智能服务简称为数智。数字建筑平台将成为工程项目的智慧大脑和调度中心,通过部署物联网设备和现场作业各类应用系统,实现对项目生产对象全过程、全要素的感知与识别,通过"数据+算法"提供模拟推演、智能调度、风险防控、智能决策等智能化服务。

4.2.4 数字建筑平台的架构体系

数字建筑平台的架构体系是基于 BIM 和信息集成技术,结合物联网智能硬件实时采集工程相关数据信息,按照从物理感知层、网络层、数据层、算法层、平台层到功能层的顺序搭建而成。

感知层是指数据的采集层面的设备和技术,如施工机器人、无人机等设备和物联网、地理信息系统(GIS)等技术。物联网是指将各种信息传感设备,如射频识别(RFID)装置、红外感应器、全球定位系统、激光扫描器等装置与互联网结合起来而形成的一个巨大网络。将物—物与互联网连接起来,进行物体与网络间的信息交换和通信,以实现物体智能识别、定位、跟踪、监控和管理。GIS 是一种空间信息系统,是对整个或部分表层空间中有关空间分布的数据信息进行采集、运算、分析和显示等功能的系统,它为人们提供了客观定性的原始数据。

网络层是指智能建造系统所依赖的现代网络技术,如 Wi-Fi、5G、LORA 等。

数据层是指数据的存储和分类,数据按照不同类别可分为模型数据、工程数据、环境数据和能耗数据。

算法层是指数据处理的技术,如大数据挖掘和云计算等。

平台层是指客户用于管理和操作的终端。

功能层为智能建造执行系统的主要功能。数字建筑平台的架构体系如图 4-5 所示。

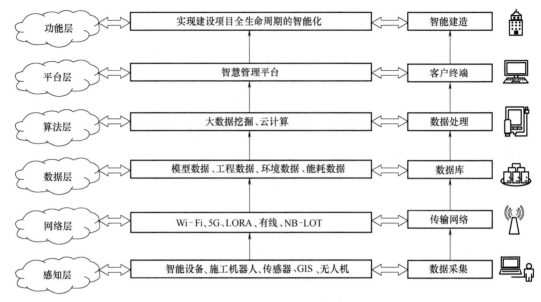

图 4-5　数字建筑平台的架构体系

■ 4.3　智能建造的执行系统

目前，国内较为重视 BIM 技术的应用，但是这并没有改变国内建筑业的基本状况，业主、设计院和施工方的信息传递均以传统方式为主。建筑业内主要以图样为媒介进行信息交流和传递，而 BIM 依托信息模型和信息应用技术平台进行信息传递。在此背景下，智能建造执行系统通过建立统一标准、统一平台和统一管理，依托 BIM 技术和信息技术，打通项目设计、生产、施工、交付运营全过程，实现建造产业"标准化、产业化、集成化、智能化"目标（见图 4-6）。平台建设过程中设立了统一的应用规范和标准，为产业链各方顺利使用铺平了道路。

4.3.1　智能建造执行系统概述

作为智能建造概念的实现形式，智能建造执行系统是一种基于"信息—物理"融合的智能系统，通过物理施工进程与信息计算进程的循环反馈机制实现两者之间的深度集成与实时交互，形成"状态监控—实时分析—优化决策—精准控制"的闭环体系，进而解决项目建造过程中的复杂与不确定的问题，提高建造资源的配置效率，实现建造过程的动态优化机制。

通过对智能建造执行系统的架构、功能及应用进行梳理，阐明智能建造的实现机理。智能建造执行系统的架构可以从总体功能架构和技术架构两个维度展开；智能建造执行系统的

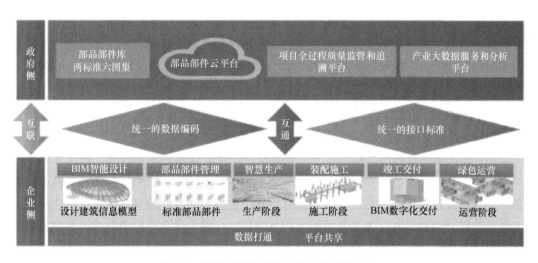

图 4-6　装配式建筑全产业链智能建造平台

主要功能为泛在连接、数字孪生、面向服务；主要应用则体现在高度集成化、实时分析（系统自治）、数据运营（数据驱动）。

4.3.2　执行系统架构及主要功能

通过建立智能建造系统通用体系结构，以明确系统的基本功能框架、各类组件及其依赖关系、交互机制与约束条件等，为设计开发面向不同工程类型的智能建造系统提供理论依据。

（1）智能建造执行系统总体功能架构　图 4-7 所示为智能建造执行系统总体功能架构，

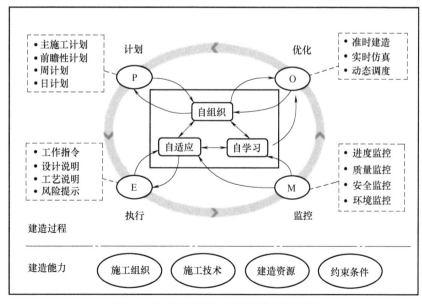

图 4-7　智能建造执行系统总体功能架构

它涵盖建造能力与建造过程两大体系。建造能力包括施工组织、施工技术、建造资源与约束条件，这些因素是构成智能建造系统的基础。建造过程是一个建立在精益建造理论基础上的"计划—执行—监控—优化"迭代过程，通过各项技术手段使智能建造系统拥有类似于人类智能的自组织、自适应与自学习能力，从而减少建造过程中对人为决策的依赖性。

（2）智能建造执行系统的技术架构　智能建造执行系统的技术架构建立在物联网、云计算、BIM、大数据以及面向服务架构等技术的基础上，形成一个高度集成的信息物理系统，如图4-8所示。物联网通过各类传感器感知物理建造过程，接入网关，向云计算平台传送实时采集的监控数据。云计算平台为大数据的存储与应用、基于 BIM 的实时建造模型以及各项软件服务提供了灵活且可扩展的信息空间，支持不同专业的项目管理人员在统一的平台上共享信息并协同工作。在信息空间中经过分析、处理与优化后形成的决策控制信息通过物联网反馈至物理建造资源，实现对施工设备的远程控制以及对施工人员的远程协助。

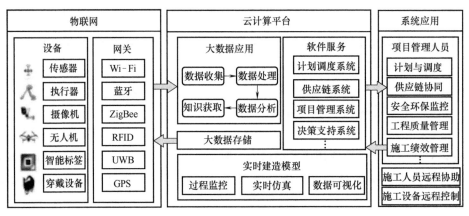

图 4-8　智能建造执行系统的技术架构

（3）智能建造执行系统体系基本特征分析　智能建造执行系统体系的主要功能可以概括为"泛在连接、数字孪生、数据驱动、面向服务、系统自治"五个方面，下面将对它的科学内涵与技术实现路径做具体讨论。

1）泛在连接。泛在连接是指通过对物理空间的实时感知与数据采集，以及信息空间控制指令的实时反馈下达，提供"无处不在"的网络连接与数据传输服务。物联网通过不同类型的传感器从施工现场采集实时数据，包括结构的应力和位移、现场的温度与空气质量、能耗以及智能施工设备的状态等。采用 Wi-Fi 或蓝牙（Bluetooth）等技术将施工现场部署的无线传感器连接起来，形成无线传感器网络。预制施工现场组装全过程采用 RFID 技术，通过跟踪构件内嵌入的标签，实时采集数据。室内人员定位可采用 RFID、ZigBee 或超宽带（Ultra Wide Band，UWB）技术，室外定位则可通过全球定位系统实现。无人机搭载激光扫描仪获取施工现场点云数据，基于三维重建技术监控施工进度。摄像机捕捉现场施工过程的图像，用于记录和分析施工过程。可穿戴设备集成了传感器、摄像头和移动定位器的功能，以收集现场工人的工作状态并向其反馈信息。

2）数字孪生。在智能建造执行系统中，将基于 BIM 的在信息空间中实时建造的模型作为物理空间中施工建造实物的"双胞胎兄弟"，即为数字孪生体，如图 4-9 所示。对于装配式建筑，通过 RFID 技术跟踪构件的生产、物流及装配过程，经过装配后的构件信息自动关联 BIM 设计模型中的构件，生成实时建造模型。对于非装配式建筑，则可采用 3D 重建技术生成点云模型，再将点云模型与 BIM 设计模型进行关联，从而生成实时建造模型。作为在建建筑物在信息空间中的数字孪生体，实时建造模型将监测数据以不同维度展现给项目的参与者，使他们在共同的视角下进行协作。云平台为不同项目参与者提供监控数据查询、追溯、计算和虚拟现实展示服务，支持对项目进度、质量管理、安全与环境监管、绩效评估等方面的监控需求。在建造过程中可通过数字孪生进行实时仿真分析，验证前瞻性施工计划的可行性（见图 4-10）。根据施工现场反馈的进度监控数据更新实时建造模型，计划调度系统基于末位计划者系统理论滚动编制项目的前瞻性计划，即将施工监控系统作为"末位计划者"，根据进度监控与资源消耗量制订前瞻性施工计划。BIM 系统基于 4D 仿真功能，在实时建造模型的基础上进行虚拟建造，以验证前瞻性计划的可行性，预测可能发生的异常或冲突，并做出适应性调整。经过仿真分析验证后的前瞻性计划将被细化为周计划或日计划后组织施工。

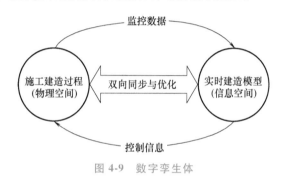

图 4-9　数字孪生体

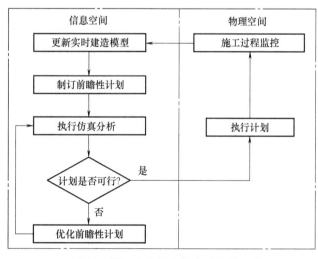

图 4-10　基于数字孪生的实时仿真分析

3）面向服务。作为集成了多项智能技术的平台，智能建造执行系统应建立在具有互操作性与可扩展性的技术架构之上。基于面向服务的体系架构（Service Oriented Architecture，

SOA）建立智能建造执行系统的技术架构如图 4-11 所示。所有软硬件系统均通过建造服务总线（Construction Service Bus，CSB）进行信息交互，构成扁平化且可扩展的体系架构。建造服务总线采用 SOA 架构中的企业服务总线技术，该技术是传统中间件、XML 以及 Web 服务技术相结合的产物。CSB 作为智能建造系统网络中最基本的连接中枢，实现不同服务之间的互操作。将智能建造系统内的软件子系统封装为 Web 服务，以隐藏内部的复杂性，通过万维网服务定义语言（Web Service Definition Language，WSDL）描述所提供的服务信息，并将服务发布到通用描述（Universal Description Discovery and Integration，UDDI）注册中心，以供其他服务搜索、访问和调用。对于物理空间中的建造资源，如建筑工人、智能建造设备与建筑机器人等，基于分布式人工智能理论将其虚拟化为智能体（Agent）并集成到建造服务总线，以实现智能建造执行系统的分布式控制功能。

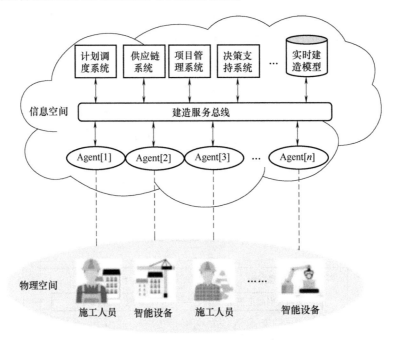

图 4-11　智能建造执行系统的技术架构

4.3.3　智能建造执行系统的应用

智能建造执行系统以当今先进的网络技术、计算机技术、通信技术、控制技术和数据处理技术等多项技术为基础，以现代化建筑经营管理模式为手段，以实现安全、稳定、高效和集约式管理为目的的综合管理体系。智能建造执行系统的应用体现在：高度集成化、实时分析（系统自治）和数据运营（数据驱动）。

1. 高度集成化

建筑工程最显著的特性是建造场地的流动性、产品的单件性和多样性。因此，需开发和利用多种多样的系统。目前已存在的智能化系统远远不能满足智能建造的需求。同时，在智能化系统开发过程中，需充分集成应用新技术。如同人类工作需综合运用感知、记忆计算、分析等能力，智能化系统同样需要具有这些能力才能进行建造工作，而每种能力对应到信息技术中，都有不同的技术与之对应。如对应于记忆能力可以有 BIM 技术、GIS 技术，对应于分析能力可以有大数据技术等。所以，智能化执行系统意味着多项信息技术的综合应用，这不仅带来技术开发的难度，也会增加智能化执行系统的复杂度。

近年来，以物联网、大数据、云计算、人工智能为代表的新兴技术日益广泛地被应用于智慧工地建设，但它们目前仍局限于碎片化地解决特定工程问题，如何将其整合到高度集成的框架体系中，以提高整体施工组织能力是一个有待解决的难题。

（1）数字化集成体系　基于目前行业多参与方、多工种协作的发展模式，人们提出一种设计-建造-交付运维全过程数字化衔接集成体系。该体系的核心是通过全过程需求反馈与关键节点双向串联，建立现代产业化设计体系，建立与数字化设计相适应的先进制造工法与生产管理手段，建立设计手段与生产手段的信息化协同平台，通过数字化交付实现运维阶段承接，形成实施全过程的信息化集成和全产业链信息闭环。数字化集成体系关键节点串联模式如图 4-12 所示。该体系的主要组成有：

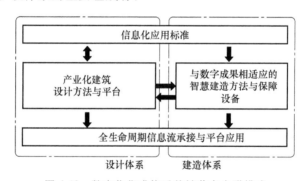

图 4-12　数字化集成体系关键节点串联模式

1）数字化设计体系，含适用于产业化建造的建筑设计方法、构件库、户型组合库、项目设计管理体系、模型数据标准等。

2）智慧建造生产体系，含与数字化设计成果相适应的定位放样、数字化吊装、3D 打印、产业化施工法等。

3）产业链集成应用，含数字化预拼装、设计深化平台、智慧工地与多方管理平台、智能加工运输及物联追踪协同管理平台等。

4）建筑全生命周期运维，含施工模型交付标准与运维信息转换标准、数字化运维架构与应用软件和硬件平台等。

在产业化生产建造环节，通过研发三维深化软件、模型轻量化软件、施工运维模型转换软件，实现设计+建造的成果资源衔接，解决多方项目管理的问题。在复杂构件、复杂空间关系、复杂地形设计与建造过程，研究基于三维扫描、BIM 高精度放样、3D 打印解决方案，改变传统粗放、修补式的工程建造模式，实现精细高效建造，提高建造质量与品质。

在资源整合与科学管理环节，施工阶段通过与数字化 BIM 设计成果的无缝承接，对建造过程进度、质量、成本进行动态管控，实现工程建造各方数据有效共享，高效协同管理，助推设计施工各方深度融合。基于多个工程总承包项目，在设计建造全过程通过需求的反馈，整合产业链多个环节数字化成果的全过程应用，建立或形成较为完善的标准机制、建造工法与平台软件，经工程实践验证，取得较大的经济效益，并在工程建设质量、多方沟通协调、绿色节能建造等方面都有所提升。

（2）设计体系与生产体系的一体化集成 在工程实践过程中，设计成果与建造过程管理的有机结合是充分发挥工程总承包价值的体现，也是集成体系的核心所在。参数化、数字化设计的应用模式将建造数据正向传递至下游，建立中心化协同管理平台，实现复杂管线建造、数字化放样与智能加工、数字预拼装与施工模拟等全方位保障技术，研发配套软件，为实现复杂工程建设提供技术支撑，典型应用为设计建造的数字化管理集成。

（3）设计建造数字化管理集成 高度集成化是建筑产业化的一大特点，在运用数字化技术进行建筑设计、加工、施工的整个过程中，模型信息如何有效地传递到后续工业化生产体系中，是建筑产业化的一大要点。

目前数字化建造主要向 3D 可视化、三维快速成型、逆向三维扫描等方向快速发展。较为先进的 BIM 数字软件不仅包括了原材料的管控，还包括了节点的质量标准、验收标准，每一个流程都在数字化建造管控体系内得以实现。数字化建造打破了以往建筑蓝图的束缚。例如，管道长度、内径、外径等数字可以直接读取，各种管线的立体设计一目了然，不会在施工时才发现管线交叉、碰撞，减少了设计失误带来的损失。

参考传统制造业信息化的相关做法，对在分包单位中应用较广泛的企业资源计划（ERP）系统和制造过程的产品数据管理（PDM）、计算机辅助工艺过程设计（CAPP）加工辅助平台，开展数据对接工作。通过建立数据库，将模型构件相应的 ID 编号及基本信息存储在数据库中，建立总承包工艺管理的系统，指导分包单位对数据库内容进行补充和完善，实现数字化模型信息全过程利用与闭环（见图 4-13 和图 4-14）。

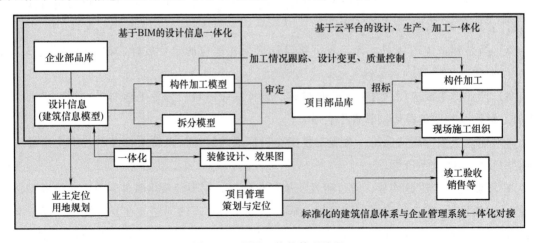

图 4-13 项目一体化管理流程

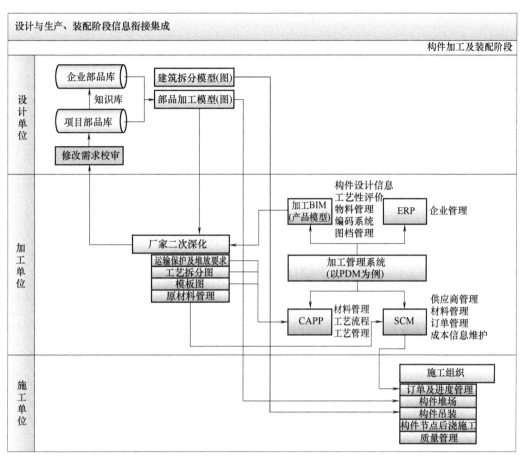

图 4-14　设计生产集成体系

（4）数字化建造平台集成研发　目前在工程建造分阶段均有各类型的数字化平台，然而在实际工程实践中，无论在流程层面、权限层面还是数据层面，平台之间均存在不同程度的断层。工程建设的复杂程度决定了多平台的必要性，平台整合对工程推进的作用有限。因此，采用标准化数据体系，通过设计协同施工，将具有共性的数字化成果通过建筑信息模型实现统一，除此以外，采用基于离散化的数据管理模式，各阶段数据采用多个独立分层维护，层间采用基于 ID 互通的方式，兼顾多平台间的独立性与互通性。基于该模式，主要围绕设计深化加工平台、集成管理平台、物联管理平台开展相应的应用实践。

1）设计深化加工平台。建筑设计行业的 BIM 技术应用大都选择了 Revit 软件作为平台，故基于 Revit 结构模型实现直接建模、计算、自动出图和装配式深化设计是大势所趋。目前建模软件结构设计功能较弱，存在尚不满足我国制图规范和设计规范要求的问题。需要在 Revit 上开发一套满足我国设计规范要求的结构 CAD 平台，实现基于 Revit 的结构 BIM 正向系统，实现报建、设计、深化加工、施工管理、造价控制、竣工交付全过程的数字化三维集成平台。在平台基础上，研发 GSOPT 建筑工程的数字化智能优化设计系统（见图 4-15），实现满足我国需要的建筑业精细化与经济性的并行发展，实现 BIM 技术的落地应用。

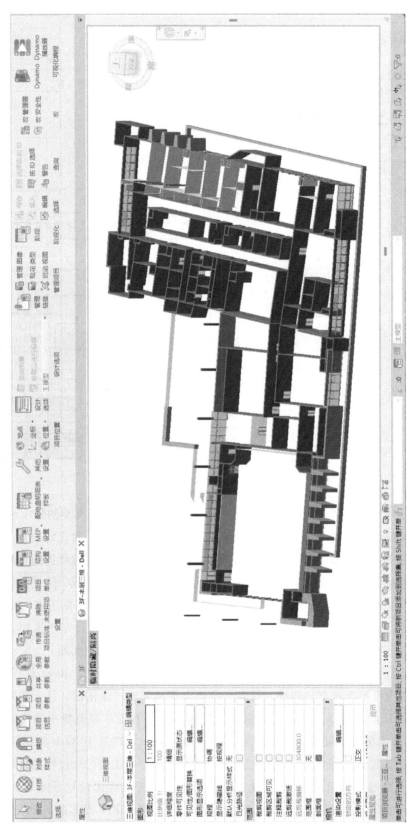

图 4-15　数字化智能优化设计系统

2）集成管理平台。随着移动互联网、云计算、物联网的发展，建筑信息化管理的手段也在不断拓宽，利用设计+施工的数字化模型信息，采用相应的编码系统对建筑信息模型的信息进行轻量化后，存储于网络数据库中，以进行管理应用，研发基于数字化建造信息的多方协同管理系统（见图4-16），应用到各类建筑的设计、加工、施工全过程。同时，通过API接口与相关系统数据对接，进一步挖掘数字孪生模型的信息价值。

3）物料管理平台。通过建立物料管理平台对构件进行全过程管理，以项目为单位的模型及结构信息转换为以工序为单位的加工准备、采购、制造和其他跟踪信息，并具备过程管控功能（见图4-17）。数字化建造主要体现在深化设计、材料采购、构件制造、构件安装等阶段的数据转换、数据共享、数据采集、数据跟踪等方面。平台以条码为桥梁，全面接驳物联网系统，无缝跟踪和接受物联网信息，并通过对全过程大数据的分析辅助项目管理。

（5）建造—运维数据流承接体系　根据项目在不同阶段所需要的信息，制定与运维有关的信息，并由施工BIM团队按既定交付标准开展工作，删减与运维阶段所需信息无关的数据后，进行模型交付与运维管理阶段的应用。在项目的设计、施工阶段，有关的建筑信息模型静态数据与智能化集成系统（IBMS）动态数据对于后期的运维阶段可谓是至关重要，这些数据构成了运维管理门户，其中包括图档管理、空间管理、运维管理以及应急预案。运维数据流会根据运维业主的需要，完善竣工建筑信息模型的信息部分，从而保证竣工模型数据准确、无遗漏地直接应用于后期运营平台。结合技术路线，搭建以"IBMS+FM+BIM"为中心的智能化集成平台。按照国际设施管理协会（IFMA）的定义，设施管理（Facility Management，FM）是"以保持业务空间高质量的生活和提高投资效益为目的，以最新的技术对人类有效的生活环境进行规划、整备和维护管理的工作。逐步地，FM也广义代表了物业管理（Property Management，PM）及资产管理（Asset Management，AM）的专业技术服务统称。该智能化平台强调分散控制、集中管理，保证建筑空间持续、高效运转。全生命周期的建筑信息模型为平台提供静态的物业设施数据，IBMS向平台传输动态的楼宇自控数据，依托FM系统集成空间管理、资产管理、设施设备管理三大运维模块，从而实现可视化的智能运营管理。图4-18所示为可视化设备系统管理与分配示例，它展示了北京华联常营购物中心可视化设备系统管理与分配随着业主单位等运维理念的转变以及根据国家建筑行业信息化、工业化的发展趋势。BIM+FM技术自身强大的功能及理论上对建筑工程项目后期运维管理巨大的价值终将实现，BIM+FM技术的应用已是大势所趋。

2. 实时分析

在智能分析时智能建造拥有着系统自治的应用方向。所谓系统自治是指智能系统独立协调各子系统完成相应功能，并能够根据环境变化而做出相应的反应，即实现系统的自组织与自适应能力。智能建造系统涉及多种分布式的异构建造资源，既包括施工人员、设备与材料等物理建造资源，也包括软件服务等信息资源，如何建立它们之间的协作机制是实现系统自治的关键。研究人员提出基于多智能体系统（Multi-Agent Systems，MAS）协同控制理论，通过Agent之间的竞争与合作来实现智能建造系统的分布式协同控制机制。资源-任务多智能体

图 4-16 基于数字化建造信息的多方协同管理系统

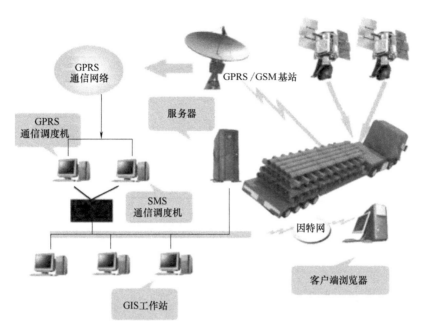

图 4-17　物联网接驳示意图

协同机制如图 4-19 所示，资源 Agent 作为物理建造资源在信息空间中的代理，根据监控数据更新并发布资源的建造能力与实时状态信息，任务 Agent 根据建造需求主动搜索可用的资源 Agent。对于每一个匹配方案采用本书第 4.3 节所述的智能推理机制预测可能发生的冲突，并做出必要的自适应调整，然后对所有可行的资源-任务匹配方案进行评估，确定最优化的方案作为最终分配方案，并更新建造资源的任务分配列表。最后，资源 Agent 基于任务分配列表将控制信息反馈至物理建造资源，指导它完成施工作业。在计划调度子系统中实现上述分布式协同控制机制，以减少智能建造系统运行过程中对人为决策的依赖，实现系统的自组织与自适应。

3. 数据运营

智能建造系统的大数据来源包括来自 BIM 的设计数据、来自物联网的施工监控数据、业务信息系统数据和历史项目数据等，这些数据中蕴含着丰富的信息或知识，它们对于管理决策至关重要。图 4-20 所示为智能建造系统框架中的数据驱动决策支持体系结构，该体系由三层组成：数据来源层、数据处理层和数据应用层。多项来源的数据经过融合后将用于知识发现与决策支持，即实现系统的自学习。一方面，通过机器学习算法对大数据进行挖掘分析以获取隐藏的知识规则，这些规则将通过知识推理机制为解决工程问题提供参考方案；另一方面，案例推理技术可以从历史项目数据中检索出与当前项目相似的案例，相似案例的解决方案经过调整优化后可作为本项目的参考方案。多源融合数据的推理或统计分析结果以可视化的形式提供给用户，以支持不同的决策需求，包括设计优化、智能调度、风险预测、绩效评估，以及施工设备的故障诊断与主动维护策略等。

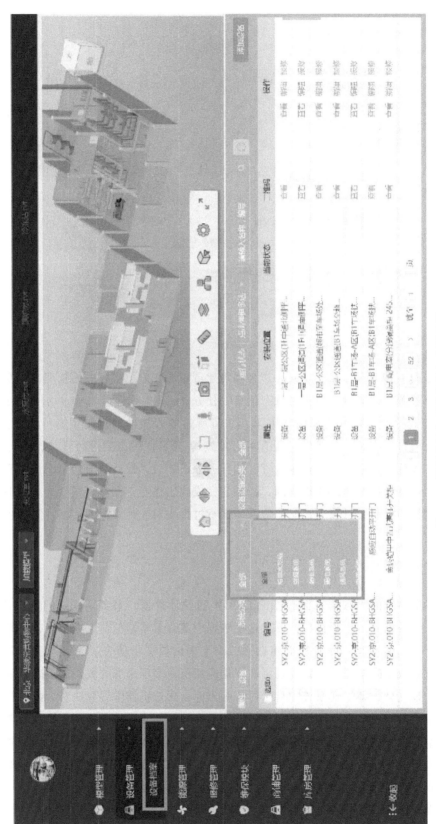

图 4-18 可视化设备系统管理与分配示例

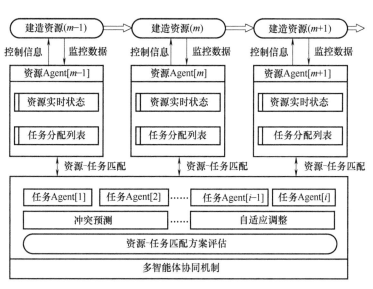

图 4-19　资源-任务多智能体协同机制

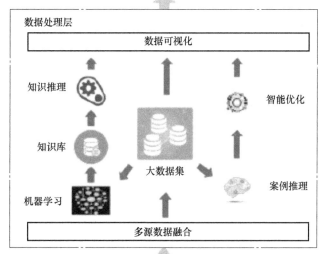

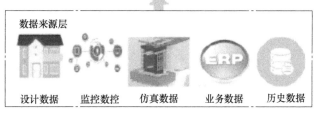

图 4-20　数据驱动决策支持体系结构

思 考 题

1. 智能建造系统包括什么?
2. 智能建造的四大模块是什么?
3. 工程项目建造方式如何实现从"实体建造"向"虚拟建造+实体建造"的转变?
4. 数字建筑平台的事理逻辑是什么?
5. 简述数字建筑平台的主要特征。
6. 数字建筑平台架构体系是如何搭建的?
7. 简述智能建造执行系统。
8. 平台的数字化建造主要体现在哪些方面?

第5章

智能建造与全生命周期的目标规划

导语

　　智能建造在项目全生命周期中扮演着重要的角色。本章将介绍智能建造的预期效果，通过对建造过程的动态感知、智能诊断、科学预测、精准执行来阐述智能建造与全生命周期的目标规划。

　　作为智能建造概念的实现形式，智能建造系统是一种基于"信息-物理"融合的智能系统，通过物理施工进程与信息计算进程的循环反馈机制实现两者之间的深度集成与实时交互，形成"动态感知-智能诊断-科学预测-精准执行"的闭环体系，进而解决项目建造过程中的复杂性与不确定性问题，提高建造资源的配置效率，实现建造过程的动态优化机制（见图5-1）。

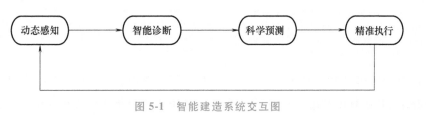

图 5-1　智能建造系统交互图

■ 5.1　智能建造的预期效果

　　近年来，以建筑信息模型、物联网、大数据与云计算为代表的新一代信息技术与人工智能技术逐步应用到建筑施工行业，物联网技术提高了建造过程的可追溯性，应用于施工进度、质量、安全及环保监控，当发生异常或扰动时得到实时反馈。智能建造的内涵不仅包括智能科学技术在建筑业的集成应用，还涵盖了在此基础上对生产组织方式的提升，通过智能技术实现建造过程中计划、执行、监控与优化的迭代循环，提高施工组织管理水平与决策能力。智能建造是设计、生产、施工一体化的建造体系，是建造新思维、新技术和新模式的集成创新，是建造方式的深刻变革。图5-2所示为智能建造全生命周期架构。

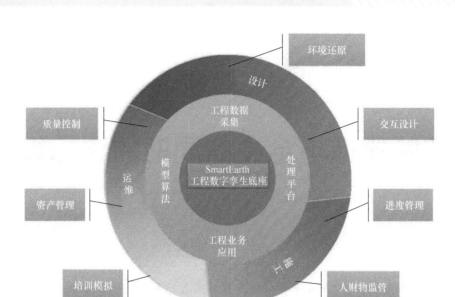

图 5-2　智能建造全生命周期架构

在设计阶段利用 BIM 技术，通过建立装配式建筑 3D 模型，为设计人员提供了设计指导，进一步优化了方案设计、初步设计、施工图设计、预制构件设计环节；相关人员根据装配式预制构件各项参数信息创建模型，能加强对参数信息的控制和分析，将构件的尺寸、型号、材质等参数信息录入模型中。通常，在参数信息改变的情况下，模型中的信息也随之改变。

以某装配式建筑项目为例介绍如下：

1. 设计阶段

在设计阶段应用了 BIM 技术，加强了对 2D 图样信息内容的检验和校验，并创建了三维图样，弥补了 2D 图样的缺陷，建筑设计单位根据 BIM 可视化优势进行分析和验证，显著提升了方案设计的合理性和科学性。

2. 施工阶段

在施工阶段，利用数字设计与仿真技术，基于建造实体的数字孪生，对特定的流程、参数等进行分析与可视化仿真模拟，依据它进行仿真修改、优化以及生成技术成果。智能施工技术是利用 BIM 技术平台和建造机器人，基于工厂预制的构件、部品，采用装配式的技术方案，智能地完成现场施工的行为。智能建造不仅要求构件、部品的工厂化、机械化、自动化制造，还要适应建筑工业 4.0 的要求，建立基于 BIM 的工业化智能建造体系。BIM 的工业化智能建造体系包括：

1）基于 BIM 构件、部品制造生产，BIM 建模并进行建筑结构性能优化设计；构件深化设计，BIM 自动生成材料清单；BIM 钢筋数控加工与自动排布；智能化浇筑混凝土（备料、画线、布边模、布内模、吊装钢筋网、搅拌、运送、自动浇筑、振捣、养护、脱模、存放的机械化和自动化)。

2)智慧工地通过三维 BIM 施工平台对工程项目进行精确设计和施工模拟,基于互联协同,进行智能生产和现场施工,并在数字环境下进行工程信息数据挖掘分析,提供过程趋势预测及专家预案,实施劳务、材料、进度、机械、方案与工法、安全生产、成本、现场环境的管理,实现可视化、智能化和绿色化的工程建造;结合大数据分析、传感器监测及物联网搭建项目管理系统,在施工现场实现人脸识别、移动考勤、塔式起重机管理、粉尘管理、设备管理、危险源报警、人员管理等多项功能。

3)采用建造机器人技术,主要包括:建造机器人、测量机器人、塔式起重机智能监管技术、施工电梯智能监控技术、混凝土 3D 打印、GPS/北斗定位的机械物联管理系统、智能化自主采购技术、环境监测及降尘除霾联动应用技术等。

3. 运维阶段

在运维阶段,智能运维主要是从建筑的点—线—面尺度进行智能化升级,从智能家居到智慧物业。

1)智能家居系统是随着科技的进步,为了适应现代家庭生活而产生的家庭集成网络。在全屋智能阶段,将所有与信息相关的通信设备、智能电器、家庭保安装置等联合成为统一的整体,集中监视、控制、管理家庭事务。

2)智慧物业是通过统一的大数据云平台将物业各个单位紧密连接起来,建立高效的联动机制。智慧物业主要应用场景包括安防管理、能耗管理、应急疏散管理、建筑维护管理等。

我国在智能建造技术方面已经取得一些基础研究成果,智能建造装备产业体系也已初步形成,国家对智能建造的扶持力度不断加大,智能建造正在引领着未来建筑的建造方式。智能建造的兴起必将引领整个建筑业的变革,进一步解放劳动力,全面提高施工的效率。智能建造是建筑业的发展趋势,有着十分广阔的前景。

■5.2 建造过程的动态感知

传统的损伤检测与安全评估方法有外观目测法和基于仪器设备的局部损伤检测方法,如超声检测等。外观目测的检测结果与检测人员的水平和经验密切相关,而且只能发现外部损伤,结构的内部损伤无法检测。超声法是应用最广泛的局部无损检测方法,超声波可以检测远离结构表面的内部裂缝,并且确定裂缝位置。但是,传统的损伤检测方法均需要预先大致了解损伤的位置,这就要求实际结构的这些位置易于接近,而且检测所需的周期长,检测费用昂贵,会引起结构使用的中断,因此在实际工程中它的应用受到了限制。

智能建造系统的技术架构建立在物联网、云计算、BIM、大数据以及面向服务架构等技术的基础上,形成一个高度集成的信息物理系统。物联网通过各类传感器感知物理建造过程，经过接入网关向云计算平台传送实时采集的监控数据。云计算平台为大数据的存储与应用、基于 BIM 的实时建造模型以及各项软件服务提供了灵活且可扩展的信息空间，支持不同专业的项目管理人员在统一的平台上共享信息并协同工作。在信息空间中经过分析、处理与优化后形成的决策控制信息再通过物联网反馈至物理建造资源，实现对施工设备的远程控制以及对施工人员的远程协助。

智能建造中的感知包括传感器、摄像头、RFID、激光扫描仪、红外感应器、坐标定位等设备和技术。

1）UWB 技术是一种使用 1GHz 以上频率带宽的无线载波通信技术。其开发了一个具有吉赫兹容量和最高空间容量的新无线信道。基于码分多址（CDMA）的 UWB 脉冲无线收发信机在发送端时钟发生器产生一定周期的脉冲序列，用户要传输的信息和表示该用户地址的伪随机码分别合成后对上述周期脉冲序列进行一定方式的调制，调制后的脉冲序列驱动脉冲产生电路，形成一定脉冲形状和规律的脉冲序列，然后放大到所需功率，再耦合到 UWB 天线发射出去。UWB 传感系统如图 5-3 所示。

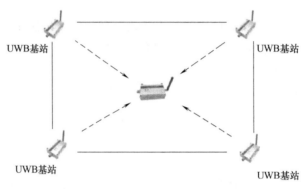

图 5-3　UWB 传感系统

2）传感器是一种检测装置，能感受到被测量的信息，并能将感受到的信息按一定规律变换成为电信号或其他所需形式的信息输出，以满足信息的传输、处理、存储、显示、记录和控制等要求。由多个传感器节点组成网络，就形成了传感器网络。其中，每个传感器节点都具有传感器、微处理器以及通信单元。节点间通过通信网络组成传感器网络，共同协作来感知和采集环境或物体的准确信息。传感器如图 5-4 所示。

图 5-4　传感器

3）无线射频识别，即射频识别技术（RFID），是自动识别技术的一种，通过无线射频方式进行非接触双向数据通信，利用无线射频方式对记录媒体（电子标签或射频卡）进行读写，从而达到识别目标和数据交换的目的，无线射频识别技术通过采用无线电波不接触快速信息交换和存储技术，以及无线通信结合数据访问技术，连接数据库系统，实现非接触式的双向通信，从而达到识别的目的，它用于数据交换，串联起一个极其复杂的系统。RFID系统如图5-5所示。

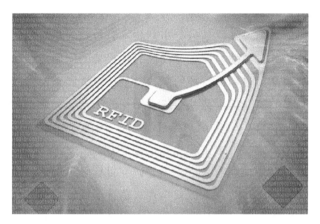

图 5-5　RFID 系统

■ 5.3　建造过程的智能诊断

在智能建造的平台通过智能感知的传感器发现问题后，就开始了智能诊断分析。在现代建筑工程的施工、检测、交付过程中，智能系统都参与其中，加强智能化建设对于控制工程质量、资金投入、工程进度具有重要的意义。而检测作为评估工程质量的重要环节，是评估建筑安全等级的重要一环。在现代建筑工程中，智能监测系统能够提高质量，高效率地帮助相关检测人员完成建筑工程的检测工作，降低检测难度。

传统的诊断技术以传感器技术和自动监测技术为基础，以数据处理为核心，侧重对信号等的检测和分析。如今的智能诊断技术则以知识处理为核心，运用人工智能（AI）技术实现诊断过程的智能化和自动化。在此过程中尽量减少人工检测，同时依靠仪器、仪表，涉及物理学、电子学等多种学科的综合性技术。可以减少人们对检测结果有意或无意的干扰，减轻人员的工作压力，从而保证了被检测对象的可靠性。自动监测技术主要有两项职责，一方面，通过自动检测技术可以直接得出被检测对象的数值及其变化趋势等内容；另一方面，将自动检测技术直接测得的被检测对象的信息纳入考虑范围。

智能检测系统通过传感器等设备监测到问题之后将进行综合的判断，此时要利用到计算机视觉来辅助诊断。计算机视觉的基本原理是用输入设备模拟视觉器官，用系统的算法模拟生物大脑，用数据库模拟生物对世界的理解与感知。它衍生了相应的技术如摄像机标定、模板匹配、霍夫变换、不变矩识别、字符识别和神经网络识别等技术。智能建造的智能诊断系统利用计算机识别的技术对传感器所传输过来的物理信息进行分析，对施工现场的问题可以快速准确地识别，及时准确地将结果反馈给项目管理人员，实现项目管理的科学化与智能化。

如今的智能建造中有两种常用的监测数据损伤的方法：

1）结构损伤会造成损伤处的响应发生变化（扰动），因此研究人员有望通过直接分析结构响应的时间历程数据来发现上述扰动。小波分析是种信号的时间-频率分析方法，是近年来得到迅速发展并形成研究热潮的信号分析新技术，被认为是对傅里叶分析方法的突破性进展，在图像处理、分析、奇异性检测等方面已有很成功的应用。它具有多分辨率分析的特点，而且在时频域具有表征信号局部特征的能力，很适合探测正常信号中夹带的瞬态反常现象并显示其成分。信号中的突变信号往往对应着结构的损伤，利用连续小波变换进行系统故障检测与诊断具有良好的效果。20世纪90年代以来，国内外利用小波对机械系统中的故障诊断有较多研究。随后，小波在土木工程结构的损伤识别中也有大量研究。Alkhaildoy 发表了大量采用小波分析进行损伤识别的文章，主要研究目标是发展一种识别结构损伤变化的在线系统，以确保结构在恶劣环境荷载下的安全性。估计低周疲劳荷载作用下结构损伤的特性对于确保结构安全是非常重要的，但从监测信号中识别疲劳信号和估计结构的损伤变化是一个难题，采用正交离散小波变换可从被噪声污染的观测信号中成功地分离出疲劳信号。Hou 等应用德比契斯（Daubechies）小波对简单动力结构模型和三层框架基准（Benchmark）模型的损伤识别进行了研究，证明了小波分析在结构损伤识别领域的巨大潜力，能够有效地对结构损伤进行预警。Liew Wang 等把小波分析应用到结构空间坡分解，推导了结构力学变量的小波方程，通过对简支梁、简单框架结构的数值模拟分析，认为基于小波分析的方法在沿外边的非扩散性结构破裂损伤识别中比传统方法优越。

2）尔伯特-黄变换（Hilbert Huang Transform，HHT）是由 Norden E. Huang 教授于 1998 年的一次国际会议上提出的一种处理非平稳信号的方法。它是一种两步骤信号处理方法，首先用经验模态分解方法（Empirical Mode Decomposition，EMD）获得有限数目的固有模态函数（Intrinsic Mode Function，IMF），然后利用 Hilbert 变换和瞬时频率方法获得信号的时频谱——Hilbert 谱。该方法从本质上讲是对一个信号进行平稳化处理，其结果是将信号中不同尺度的波动或趋势逐级分解，产生具有不同特征尺度的数据系列，因此基于这些分量进行的 Hilbert 变换得到的结果能够反映真实的物理过程，即信号能量在空间（或时间）各种尺度上的分布规律。Huang 分析了 1999 年我国台湾地区地震 TCU129 台站的加速度记录，提出 HHT 处理地震加速度记录所得到的 Hilbert 谱能够精确地刻画地震动能量在时频平面的分布特点，这种特点在对结构具有潜在破坏性的低频范围内尤为突出。Zhang 等分析了美国得克萨斯州的 TRR 大桥两个子结构现场振动试验结果，并且提出了一种基于 HHT 方法的结构损伤检测方法，与其他传统方法相比，该方法具有以下两个特点：

① 它需要传感器的数量少，而且不需要结构破坏前的数据，这使得数据的采集非常简单、有效。

② 它使用 HHT 方法分析数据并揭示结构振动记录中不同固有振动模态的能量时频分布的变化，这使该方法对于某一特定固有模态的相关的结构局部破坏非常敏感。

■ 5.4 建造过程的科学预测

在建造过程中，工程项目物资现场动态平衡是物资优化配置和优化组合的手段和保证，是优化企业资源的一种有效方式。动态平衡是按照项目内在规律，有效地计划、组织、协调、控制各施工阶段的物资投入，并对物资按时间节奏进行动态优化，以保证整个建造过程的均衡性、实现物资供应的动态配置、平衡协调和均衡投入的过程。因此，在工程项目中，有机、紧密地结合物资投入数量、结构、时间、范围的计划与工程项目进度计划，使物资、人员均衡地投入到工程项目中，实现物资综合控制、工程项目均衡、有节奏地建造，达到预期进度目标，实现精准物流管理，减少物资浪费，降低建造成本。

现场物资的精准控制和物资需求精准预测以共享工程项目数据库为基础。在工程项目立项之后，工程管理子系统将总体进度计划录入到工程项目数据库中。在工程项目实施后，仓库管理子系统实时、动态追踪物资库存状况，并及时反馈到工程项目数据库；物资现场管理子系统实时记载物资入场、物资损耗、物资生产、物资回收、物资退回仓库等详细内容，快捷地统计现场物资状况并反馈到工程项目数据库；工程管理子系统实时追踪工程项目进展状况，报告累计未完成工程以及变更工程，并依据约束限制条件，动态制订阶段性进度计划；预算管理子系统依据实时更新的物资信息精准预测物资需求。

在建筑的运维阶段，以往工程交付往往是将工程施工文字资料、竣工图、配套竣工资料、工程影像资料等海量、离散的数据收集到一起，作为电子化留存，而这些数据在建筑运维阶段查询与利用困难，给后期的建筑运行维护工作造成不便。同时，随着建筑内设备不断增加，建筑基础设施呈现出规模庞大、结构复杂、品牌众多等特点，各系统相对独立，需要专业的运维人员针对各自系统进行运行维护管理，需要投入大量的人力成本，同时设备往往很难充分利用，设备运行效率较低，造成了建筑运行维护工作十分困难的局面。目前，绝大多数建筑运维仍采用人海战术，由于缺少有效的流程管控机制，运维工作总是处于"救火式"状态，这种采用事后处理为主的运维模式，存在设备异常定位困难、对突发事件应变和处理慢等缺陷。因此，事前无准备、事中无跟踪、事后无法追溯、运维经验无法沉淀积累与复用的传统运维方式已经无法满足建筑运维的要求。

BIM技术以它良好的拟真性、可视化及信息承载能力强而受到建设工程领域各方的青睐。BIM技术凭借它在可视化分析、大数据管理、工作协同、信息共享等方面的技术优势，为建筑数字资产的留存、全生命周期管理提供了途径。IoT作为智能建筑的"眼睛"，能够将环境感知、监测及控制应用到每一个具体的建筑构件及设备，BIM技术与IoT技术对于建筑运维来说相辅相成，有了IoT技术，可以实现实时数据的收集处理、建筑元素之间的信息交换及通信，有了BIM技术，实现了运维管理对象在建筑三维空间中的定位及管理。因此，应用BIM+IoT技术对传统的建筑运维管理进行信息化改造，引导建筑产业向集约化、智能化发展，以达到建筑数字化管理、节能减排及可持续发展的目的已经成为建筑业发展的必然趋势。

■ 5.5 建造过程的精准执行

在建造过程中运用 BIM 技术的可视化特性，可以更好地实现建筑产品和建造过程的数字化表达；同时以建筑信息模型作为数据载体，可以使得建筑业链条的各相关方，基于实时准确的数据流转实现高效协作。

在智能建造的精准执行过程中运用到了相关的传输设备来确保相关信息的精准执行。传输设备也有着越来越多的选择，如 LoRa 技术、NB-IoT、蓝牙等，使得传输的效果越来越精准。

在建筑业数字化驱动之下，湖南建工 BIM 中心历经 3 年研发与实践，以标准化、模块化、产品化为目标，从顶层设计出发，打造了基于 BIM+IoT 的 Aops 数字化交付与智能运维平台。平台将 BIM 技术与物联网深度融合，实现建筑资产数字化交付的同时，以数据驱动，实现运维阶段的智能建造信息控制与监测预警，全面提升建筑运维服务品质，为机电设备高效运行保驾护航。

该平台采用标准化、模块化实施方案，将项目部署划分为四个阶段：

1）数字化交付：通过自带编码的族库系统，进行标准化建模，同时将设计、施工、运维阶段数据进行信息分类与结构化处理，形成数字资产供建筑运维检索、调用。

2）平台初始化：将 Revit 模型一键上传至平台，实现图元信息与数据信息轻量化，同时通过平台逻辑与规则实现构件按需加载。

3）IoT 集成：通过标准网关对物联网监测数据进行转译，同时将 BIM 与 IoT 联动映射，实现建筑静态资产与动态资产交互。

4）综合应用：平台内嵌多种规则比对及联动控制逻辑，能实现实时预警提醒及联动控制、维保工单追踪、建筑能耗实时管控。智能建造平台精准执行模式如图 5-6 所示。

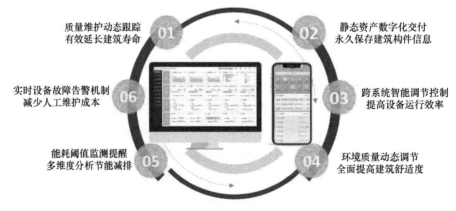

图 5-6 智能建造平台精准执行模式

思　考　题

1. 建筑全生命周期包含哪些内容？它们分别有什么作用？

2. 传统的损伤监测方法与新型的监测方法有哪些不同？

3. 智能诊断技术有哪些优点？

4. 建造过程的科学预测包含了哪些内容？

5. 智能建造想要获得的预期效果有哪些？

第6章

智能规划与设计

导语

　　建筑的规划与设计作为一个项目的开始，至关重要。如今进入了信息化的时代，智能规划与设计逐渐走进了设计人员的视野。本章主要对建筑的智能规划与设计做一个系统的阐述。通过介绍智能规划与设计的概述来点出它的定义、特点和优势，接着介绍智能规划与设计的国内外发展趋势，最后提出了智能规划与设计的应用和它的主要价值。

■ 6.1　智能规划与设计概述

　　智能规划与设计作为智能建造的第一步承担着非常重要的作用。凭借人工智能、数学优化，以计算机模拟人脑进行满足用户友好与特质需求的智能型城市规划和建筑设计，通过系统运用理论、方法和技术来模拟、扩展。基于大数据分析、神经网络和深度学习算法的优化，人工智能在建设工程行业项目管理、结构分析、风险评估和设计等领域中脱颖而出。智能设计是指应用现代信息技术，采用计算机模拟人类的思维活动，提高计算机的智能水平，从而使计算机能够更多、更好地承担设计过程中各种复杂任务，成为设计人员的重要辅助工具。

6.1.1　智能规划与设计的定义

　　智能规划是对周围环境进行认识与分析，基于状态空间搜索、定理证明、控制理论和机器人技术等，针对带有约束的复杂建造场景、建造任务和建造目标，对若干可供选择的路径及所提供的资源限制和相关约束进行推理，综合制定出实现目标的动作序列，每一个动作序列即称为一个规划。例如，基于多智能体的三维城市规划、基于智能算法的路面压实施工规划和材料运输路径规划、基于遗传算法的塔式起重机布置规划等。智能规划应用范围如图 6-1 所示。

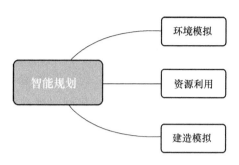

图 6-1 智能规划应用范围

智能设计是采用计算机模拟人类的思维的设计活动。智能设计系统的关键技术包括：设计过程的再认识、设计知识表示、多专家系统协同技术、再设计与自学习机制、多种推理机制的综合应用、智能化人机接口等。智能设计按设计能力可分为三个层次（见图 6-2）：

1）常规设计，它是指设计属性、设计进程、设计策略已经规划好，智能系统在推理机的作用下，调用符号模型（如规则、语义网络、框架等）进行设计。

2）基于实例和数据的设计，一类是收集工程中已有的、良好的、可对比的设计事例，进行比较，基于设计数据，指导完成设计；另一类是利用人工神经网络、机器学习、概率推理、贪婪算法等，从设计数据、试验数据和计算数据中获得关于设计的隐含知识，以指导设计。

3）进化设计，它是指借鉴生物界自然选择和自然进化机制，制定搜索算法，如遗传算法、蚁群算法、粒子群算法等，通过进化策略，进行智能设计，如生成设计、自动合规检查、人工智能施工图审查等。

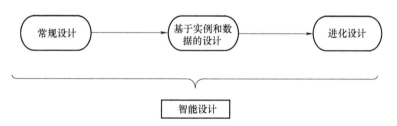

图 6-2 智能设计能力层次

6.1.2 智能规划与设计的特点

在项目建设之初，项目的投资者需要收集市场数据、消费者数据等进行投资决策和产品定位。此时，项目投资者将项目需求信息，如产品功能、产品风格、施工进度等要求输入建筑信息模型中，形成建筑信息模型 1.0，然后该模型流入到设计方，设计单位则基于建筑信息模型 1.0 进行 BOM 支撑的产品集成设计（Integrated Product Development，IPD），形成建筑信息模型 2.0。

在建模过程中，建筑信息模型整个过程都是可视化的。可视化的效果不仅可以用作效果图的展示及报表的生成，更重要的是，项目设计、建造、运营过程中的沟通、讨论、决策都在可视化的状态下进行。模拟三维的立体事物可使项目在设计、建造、运营等整个建设过程可视化，方便各方更好地进行沟通、讨论与决策。同时，当各专业项目信息出现"不兼容"现象（如管道与结构冲突、各个房间出现冷热不均、预留的洞口没留或尺寸不对等情况），使用有效 BIM 协调流程进行协调综合，减少不合理变更方案或者问题变更方案。基于 BIM 的三维设计软件在项目紧张的管线综合设计周期里，提供清晰、高效率的与各系统专业有效沟通的平台，更好地满足工程需求，提高设计品质。利用四维施工模拟相关软件，根据施工组织安排的施工进度计划安排，在已经搭建好的模型的基础上加上时间维度，分专业制作可视化进度计划，即四维施工模拟。一方面可以指导现场施工，另一方面为建筑、管理单位提供非常直观的可视化进度控制管理依据。四维模拟可以使建筑的建造顺序清晰、工程量明确，把建筑信息模型和工期联系起来，直观地体现施工的界面、顺序，从而使各专业施工之间的施工协调变得清晰明了，通过四维施工模拟与施工组织方案的结合，能够使设备材料进场、劳动力配置、机械排班等各项工作的安排变得最为有效、经济。

在建筑信息模型 2.0 形成并产出物料清单（Bill of Material，BOM），然后进行深化设计，并产出可生产、可装配、具有实施性的设计图，集成到计划物料清单。计划物料清单会向构件供应商、施工单位和运维单位推送数据包，表明建筑需要直接采购、工厂生产或者现场浇筑的部分。

在这个阶段中，BIM 发挥的作用不仅是一个可视化的三维模型，还是一个数据的平台，是建筑数据的载体。建筑信息模型的数据在整个建造活动中是根据物理空间的实际情况进行实时更新迭代的，与建筑实体相互映射。建筑信息模型作为数据的入口和出口，统一了数据格式，确保了数据的完整性，为技术应用的集成提供了数据基础。具体总结为如下几点：

1）以设计方法学为指导。智能设计的发展，从根本上取决于对设计本质的理解。设计方法学对设计本质、过程，设计思维特征及其方法学的深入研究是智能设计模拟人工设计的基本依据。

2）以人工智能技术为实现手段。借助专家系统技术在知识处理上的强大功能，结合人工神经网络和机器学习技术，较好地支持设计过程自动化。

3）以新一代 BIM 技术为数值计算和图形处理工具。提供对设计对象的优化设计、有限元分析和图形显示输出上的支持。

4）面向集成智能化。不但支持设计的全过程，而且考虑到与计算机辅助制造（Computer Aided Manufacturing，CAM）的集成，提供统一的数据模型和数据交换接口。

5）提供强大的人机交互功能。使设计师对智能设计过程的干预，即与人工智能融合成为可能。

6.1.3　智能规划与设计的优势

新技术对建筑业进行智能化赋能，实现建筑业向智能建造的转型升级。其中，BIM技术是数字建模+仿真交互的基石，BIM不仅包含描述建筑物构件的几何信息、专业属性及状态信息，还包含了非实体（如运动行为、时间等）的状态信息，构成了与实际映射的建筑数字信息库，为全生命周期、全参与方、全要素的工程项目提供了一个工程信息在各阶段的流通、转换、交换和共享的平台，为工程提供了精细化、科学化的技术手段。建造实体具有三维可视化特征，使得设计理念和设计意图的表达立体化、直观化、真实化，设计者可真实体验建筑效果，把握尺度感。

智能规划阶段升级包括规划思路的升级和规划工具的升级。

1）决策思路由"经验决策"升级为"数据决策"。工程建造活动中产生大量数据，这些数据中隐藏着消费规律、市场趋势等，利用新技术来挖掘数据规律，辅助决策。

2）决策工具从"统计分析"改为"智能分析"。大数据等技术利用决策阶段的信息搭建数据模型，对实际情况进行模拟仿真和预测，从而优化决策。

智能设计新技术对建筑设计阶段的升级包括设计工具的升级和设计逻辑的升级。

（1）设计工具的升级　人工智能等新技术推动了设计工具从CAD绘图到三维建模设计、计算机建模辅助设计的飞跃。BIM在设计中的应用场景包括虚拟施工、碰撞检查等，它使建筑、结构、水电等多专业协同设计成为可能。人工智能技术通过模拟设计人员的思考过程，使设计过程更加智能。

（2）设计逻辑的升级　BIM为建筑业和制造业之间搭起桥梁，促进建筑业的设计逻辑向制造逻辑转变。建筑设计参考工业化的思维进行产品标准化设计。设计标准化的特征就是通用化、模块化（组合化）、系列化。

智能规划与建造形成了"五个一"体系：一套共享标准规范、一个信息平台、规划一张图、一套业务规则体系和一套协调机制，实现数据业务化、业务协同化、编制智能化、管理一体化的建设目标。

数据业务化：构建"数据汇集"模块，提供可复用和直接调用的数据，实现数据的融合共享及实时更新。

业务协同化：全面厘清各个部门的职能分工与业务流程，促进各个业务部门之间的信息共享、协同规划与业务联动。

编制智能化：以模型研究为支撑，成体系地构建综合模型和专业模型库，促进相关业务领域的规划编制智能化与政策制定精准化。

管理一体化：两个或三个管理体系并存，将公共要素整合在一起，两个或三个体系在统一的管理构架下运行的模式。

■ 6.2 智能规划与设计国内外发展概况

世界正在进入以信息产业为主导的经济发展时期。我们要把握数字化、网络化、智能化融合发展的契机，以信息化、智能化为杠杆培育新动能。要推进互联网、大数据、人工智能同实体经济深度融合，做大做强数字经济。长期以来，我国建筑业主要依赖资源要素投入、大规模投资拉动发展，建筑业工业化、信息化水平较低，生产方式粗放、劳动效率不高、能源资源消耗较大、科技创新能力不足等问题比较突出，建筑业与先进制造技术、信息技术、节能技术融合不够，建筑业互联网和建筑机器人的发展应用不足。建筑业传统建造的粗放型发展模式已难以为继，迫切需要通过加快推动智能建造与建筑工业化协同发展，集成5G、人工智能、物联网等新技术。通过智能规划与设计来提升工程质量、安全、效益和品质，有效拉动内需，培育国民经济新的增长点，实现建筑业转型升级和持续健康发展。

6.2.1 智能规划与设计国外发展概况

BIM的概念最早在20世纪70年代就已经提出，但直到2002年美国的Autodesk公司发表了一本BIM白皮书之后，其他一些相关的软件公司也加入，才使得BIM逐渐被大家了解。

1）美国总务署（GSA）负责美国所有的联邦设施的建造和运营。早在2003年，为了提高建筑领域的生产效率、提升建筑业信息化水平，GSA下属的公共建筑服务部门的首席设计师办公室（OCA）推出了3D-4D-BIM计划。3D-4D-BIM计划的目标是为所有对3D-4D-BIM技术感兴趣的项目团队提供"一站式"服务，为每个项目功能、特点各异的项目团队提供独特的战略建议与技术支持。目前，OCA已经协助和支持了超过100个项目。

GSA要求，从2007年起，所有大型项目（招标级别）都需要应用BIM，最低要求是空间规划验证和最终概念展示都需要提交建筑信息模型。所有GSA的项目都被鼓励采用3D-4D-BIM技术，并且根据采用这些技术的项目承包商的应用程序不同，给予不同程度的资金支持。目前GSA正在探讨在项目全生命周期中应用BIM技术，包括空间规划验证、4D模拟、激光扫描、能耗和可持续发展模拟、安全验证等，并陆续发布各领域的系列BIM指南，并可供下载，对于规范和BIM在实际项目中的应用起到了重要作用。美国BIM发展历程如图6-3所示。

2）英国。1987年，英国主要建筑业机构的代表联合成立了建设项目信息委员会（BPIC）。它为建筑生产信息的内容、形式和编制提供了最佳实践指导，并在整个行业中传播。到1997年，英国的BIM标准Uniclass发布，目前的版本为Uniclass 2015。2007年，英国还推出《BIM实用指南》。2011年，英国政府宣布英国的BIM战略，要求政府项目在2016年时全面应用BIM。英国BIM发展历程如图6-4所示。

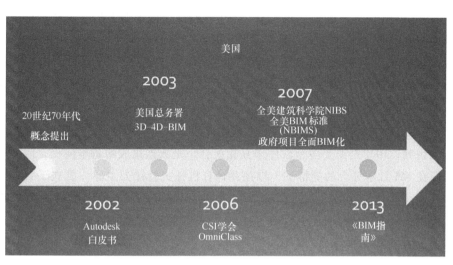

图 6-3　美国 BIM 发展历程

图 6-4　英国 BIM 发展历程

3）新加坡。1995 年，新加坡国家发展部启动了一个名为建筑和房地产网络（CORENET）的 IT 项目，主要目的是通过对业务流程进行流程再造（BPR），实现作业时间、生产效率和效果上的提升，同时注重采用先进的信息技术实现建筑房地产业的参与方间实现高效、无缝沟通和信息交流。CORENET 系统主要包括三个组成部分：数字移交（e-Submission）、电子计划审批（e-plan Check）和电子信息（e-info）。在整个系统中，居于核心地位的是 e-plan Check 子系统，这也是整个系统中最具特色之处。该子系统的作用是使用自动化程序对建筑设计的成果进行数字化的检查，以发现其中违反建筑规范要求之处。整个计划涉及 5 个政府部门中的 8 个相关机构。为了达到这一目的，系统采用了国际互可操作联盟（IAI）所制定的 IFC 2×2 标准作为建筑数据定义的方法和手段。整个系统采用 C/S 架构，利用该系统，设计人员可以先通过系统的 BIM 工具对设计成果进行加工准备，然后将其提交给系统进行在线的自动审查。

4）韩国在运用 BIM 技术上十分领先。多个政府部门都致力于制定 BIM 的标准，例如韩国公共采购服务中心和韩国国土交通海洋部。韩国主要的建筑公司都已经积极采用 BIM 技术，如现代建设、三星建设、空间综合建筑事务所、大宇建设、GS 建设、Daelim 建设公司等。其中，Daelim 建设公司将 BIM 技术应用到桥梁的施工管理中，BMIS 公司利用 BIM 软件 digital project 对建筑设计阶段以及施工阶段一体化的研究和实施等。

5）日本软件业较为发达，在建筑信息技术方面也拥有较多的国产软件。日本 BIM 相关软件厂商认识到，BIM 是需要多个软件来互相配合，是数据集成的基本前提，因此多家日本 BIM 软件商在 IAI 日本分会的支持下，以福井计算机株式会社为主导，成立了日本国产解决方案软件联盟。此外，日本建筑学会于 2012 年 7 月发布了日本 BIM 指南，从 BIM 团队建设、BIM 数据处理、BIM 设计流程、应用 BIM 进行预算、模拟等方面为日本的设计院和施工企业应用 BIM 提供了指导。

6.2.2　智能规划与设计国内发展概况

在国内，2005 年，Autodesk 进入我国，在国内宣传 BIM，BIM 的概念逐步在国内被认知。2007 年，建设部发布行业产品标准《建筑对象数字化定义》。2008 年开始，上海的标志建筑上海中心决定在该项目采用 BIM 技术，BIM 技术在国内的发展开始加速。

近年来，BIM 在国内建筑业形成一股热潮，政府相关单位、各行业协会、设计单位、施工企业、科研院校等重视并推广 BIM。2010 年与 2011 年，中国房地产协会商业地产专业委员会、中国建筑业协会工程建设质量管理分会、中国建筑学会工程管理研究分会、中国土木工程学会计算机应用分会组织并发布了《中国商业地产 BIM 应用研究报告 2010》和《中国工程建设 BIM 应用研究报告 2011》，一定程度上反映了 BIM 在我国工程建设行业的发展现状。根据上述报告，对于 BIM 的知晓程度从 2010 年的 60% 提升至 2011 年的 87%。到 2011 年，共有 39% 的单位表示已经使用了 BIM 相关软件，其中以设计单位居多。

2011 年 5 月，住房和城乡建设部发布的《2011—2015 年建筑业信息化发展纲要》中明确指出：在施工阶段开展 BIM 技术的研究与应用，推进 BIM 技术从设计阶段向施工阶段的应用延伸，降低信息传递过程中的衰减；研究基于 BIM 技术的 4D 项目管理信息系统在大型复杂工程施工过程中的应用，实现对建筑工程有效的可视化管理。

2012 年 1 月，住房和城乡建设部《关于印发 2012 年工程建设标准规范制订修订计划的通知》宣告中国 BIM 标准制定工作正式启动，其中包含五项 BIM 相关标准："建筑工程信息模型应用统一标准""建筑工程信息模型存储标准""建筑工程设计信息模型交付标准""建筑工程设计信息模型分类和编码标准""制造工业工程设计信息模型应用标准"。其中，"建筑工程信息模型应用统一标准"的编制采取"千人千标准"的模式，邀请行业内相关软件厂商、设计院、施工单位、科研院所等近百家单位参与标准研究项目、课题、子课题的研究。至此，工程建设行业的 BIM 热度高涨。

2013 年 8 月，住房和城乡建设部发布《关于征求关于推荐 BIM 技术在建筑领域应用的指导意见（征求意见稿）意见的函》，征求意见稿中明确，2016 年以前政府投资的 2 万 m^2 以上大型公共建筑以及省报绿色建筑项目的设计、施工采用 BIM 技术；截至 2020 年，完善 BIM 技术应用标准、实施指南，形成 BIM 技术应用标准和政策体系。

2014 年度，各地方政府关于 BIM 的讨论与关注更加活跃，上海、北京、广东、山东、陕西等各地区相继出台了各类具体的政策推动和指导 BIM 的应用与发展。

到 2016 年，住房和城乡建设部印发《2016—2020 年建筑业信息化发展纲要》中明确提出 BIM 重心，2017 年，国务院办公厅《关于促进建筑业持续健康发展的意见》中也明确说明了 BIM 的重要性。我国 BIM 发展历程如图 6-5 所示。

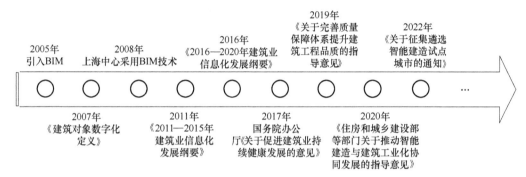

图 6-5 我国 BIM 发展历程

2019 年，住房和城乡建设部在《关于完善质量保障体系提升建筑工程品质的指导意见》中指出，要推进建筑信息模型等智能化技术集成应用，推广工程建设数字化成果交付与应用，提升建筑信息化水平。

2020 年，《住房和城乡建设部等部门关于推动智能建造与建筑工业化协同发展的指导意见》中指出要加快推动新一代信息技术与建筑工业化技术协同发展，在建造全过程加大建筑信息模型、互联网、物联网等新技术的集成与创新应用。《住房和城乡建设部等部门关于加快新型建筑工业化发展的若干意见》中提到要推广建筑信息模型技术，加快推进 BIM 技术在新型建筑工业化全生命周期的一体化集成应用。充分利用社会资源，共同建立、维护基于 BIM 技术的标准化部品部件库，实现设计、采购、生产、建造、交付、运行维护等阶段的信息互联互通和交互共享。

2022 年，住房和城乡建设部办公厅在《关于征集遴选智能建造试点城市的通知》中指出，搭建建筑业数字化监管平台，探索建筑信息模型报建审批和 BIM 审图，形成工程建设数字化成果交付、审查和存档管理体系。

■ 6.3 智能规划与设计的应用

随着诸多信息技术的兴起，许多学者将人工智能、虚拟现实技术应用到建筑规划设计中，来辅助设计者做好设计决策，了解客户的需求。同样，客户也可以利用 VR 等设备身临其境地去感受设计，便于与设计师协调、沟通。如今的智能规划与设计发挥着越来越大的作用。

6.3.1 智能规划与设计的主要应用内容

1）在房屋建筑领域已经出现了人工智能设计软件平台——小库（XKool）。它依靠深度学习、大数据和智能显示等多种技术，只需要一台联网设备就能在智能设计云平台上进行工作。通过这个平台，建筑师可以轻松完成小区规划、城市设计和建筑设计的前期工作。同济大学袁烽及其团队自 2011 年起就致力于数字化设计的研究，提出了"数字设计与建造一体化"的理念，即在工厂通过计算机算法和程序，利用机械臂将构件定制生产，在现场由工人组装。这种方式大大提高了施工效率，缩短了施工时间，他的团队尝试将人工智能融入设计中。人工智能技术在辅助设计师做好决策方面，也展现着巨大的潜力。美国宾夕法尼亚州米尔斯维尔大学的 Ebrahim Karan 以及宾夕法尼亚州立大学建筑工程系的 Somayeh Asadi 提出了一种基于人工智能技术的智能设计器，设计环境被公式化为马尔可夫决策过程，并提供了数学框架，用于理解客户的需要和期望，生成有效的设计。韩国首尔汉阳大学 Seonghoon Ban 等通过计算草图合成和交互式三维重建来促进早期设计阶段的探索过程，开发了一个三维计算草图综合框架，可以探索未见过的设计方案，使设计者能够快速评估大量设计变化的潜力。

广联达"云+端"设计产品的一站式多专业设计解决方案，以构件级设计数据为核心，提供精准、高效、实时的协同，深化设计业务，帮助设计企业有效管理设计项目，促进设计业务标准化、规模化。通过协同平台连接设计企业上下游，实现工程全过程的一体化设计与管理，助力设计企业拓展业务（见图 6-6）。建筑全专业协同设计解决方案目前主要针对民

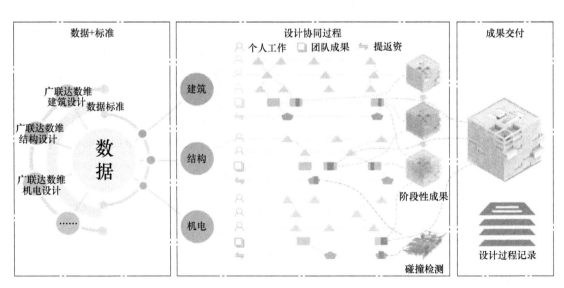

图 6-6　一体化设计架构

用建筑中的住宅建筑施工图设计，服务于住宅设计为主的设计院，适用于施工图项目立项到成果交付全过程设计。建筑全专业协同设计解决方案包含四部分内容，分别是全专业协同设计协同解决方案、全专业协同设计建筑解决方案、全专业协同设计结构解决方案和全专业协同设计机电解决方案。主要覆盖从云协同平台的项目策划，到端产品的模型创建、图样生成，再到云协同平台交付的整个设计过程。

广联达在算量造价领域也具有强大的优势，为设计师提供算量维度的精准信息，从而辅助设计质量的提升。广联达云算量服务可提供实时的工程量信息，助力设计师在设计过程中应对方案比选、设计优化、经济性呈现等场景，无须跨越平台，在设计平台内部即可完成实时算量服务（见图6-7）；此外，还为设计师提供设计数据转出工程量造价数据的接口，依照广联达数据标准，设计模型无缝转接至算量模型，同时覆盖变更场景，将设计数据变更同步至算量数据。不改变不同业务角色原有工作界面，设计师、造价工程师均可快速开展工作。在算量下游减少重复建模等工作，设计成果即工程量体现，经过少量补充算量数据模型即可出精确工程量。最大范围内提升设计信息模型的复用度，客观上可以加速成本流程的运作速度。工程量来源唯一，采用"工程净量"，变更维护更为透明。

图 6-7 设计、算量、施工一体化方案

2）在隧道施工设计领域，智能化的规划与设计已经在实际工程中得到应用。中铁工程设计咨询集团有限公司在京张高铁八达岭长城站的建设过程中，研发山岭铁路隧道横断面辅助设计软件，将隧道结构内轮廓图、衬砌设计图、配筋设计图、钢架设计图等参数化，实现山岭铁路隧道横断面的智能设计。根据设置好的参数，只需单击菜单，软件便可完成相应功能，全自动绘制所需图形和自动生成工程量统计表，生成图表过程不需人工干预，提高了软件的易用性和快捷性。

6.3.2 智能规划与设计的应用价值

随着三维建模技术的出现，在结构建模的安全性、建模速度、建模精度上都提出了更高的要求，给建模技术带来了巨大的挑战。在此情况下，智能设计具有很大的应用价值。重庆大学土木工程学院团队受到智能体无碰撞能力的启发，将梁柱节点中的钢筋视为智能体，用一种新的全年能源消耗效率（Annual Performance Fator，APF）方法来指导每个智能体的运动轨迹，提出了一种基于人工势场的钢筋自动布局框架，节省了钢筋建模的时间，提高了精度，保证了混凝土结构节点处的安全。东南大学 Yuan 等基于实际施工和图样发生冲突的问题，参照现有的安全法规、文件和实践，确定施工安全风险及预控制之间的关系，然后存储在设计预防（Prevention through Desgin，PtD）知识库中，基于 Revit 中提取和判断特定数据信息的算法，结合建筑信息模型和 PtD 知识库，开发了一个自动化检查插件，可以在建模过程中向设计者弹出警报窗口，有助于在设计阶段自动评估安全风险。

以住宅项目标准化研究为理论依据，根据住宅项目可复用可标准化的业务特点，在广联达数维产品中提供从设计工具端、设计协同平台到设计资源平台的一站式住宅项目整体解决方案。提升设计企业在住宅正向设计项目中的设计效率及成果质量，为 BIM 正向设计在普通住宅项目中的应用提供可能，同时更好地为业主服务，提供高效准确的设计数据。住宅项目由于开发周期的特殊性，导致项目设计周期通常都比较紧张，且二维制图在图面信息的表达方面有一定的局限性，以上种种因素导致设计企业在住宅施工图业务上的经营风险愈加明显，设计企业对设计效率和设计质量的提升愿望越来越迫切。

智能规划设计通过对住宅业务的深入研究，梳理住宅业务中可复用可标准化的内容形成项目模块，针对各个模块的业务特点在设计过程中提供相应的模块创建、参变、拼装等功能，帮助设计师以模块为基本单元进行施工图模型的快速创建，并在此基础上进行图样深化和出图。以模块为基本单元的设计方式可以灵活应对各种修改，最大化地提高设计资源的复用率，降低不同项目之间由于条件差异导致的方案调整；同时，以模块调用、拼装为主的设计方式降低了普通设计师使用 BIM 软件的门槛，在技术团队的支持下，普通设计师也可以经过短期的培训使用模块资源快速进行住宅 BIM 正向设计并出图；也为企业提供强大的资源库管理平台，企业可以将原有项目积累的知识资产转化为基础资源库，可以通过项目逐渐积累、丰富资源库的内容。企业和团队可以在资源库中对模块资源、项目资源等进行统一管理、制作、修改、调用等操作，让企业知识资产通过数字化管理手段赋能业务。

建筑标准化设计解决方案从工具到平台为住宅施工图设计提供 BIM 技术助力，为高效优质地出具住宅项目施工图提供新的设计方式，也为设计企业的数字化转型找到新的突破。

从当前智能建造的发展趋势来看，智能设计的一个明显的趋势就是绿色化。当前在建筑中通过使用大量的高效节能设备及相关的控制技术措施，但是其取得的实际效果并不明显。为了评价智能建造的节能效果，需要采用对应的数据进行评价和分析。所以，不管是新建筑还是老建筑，通过建立能耗实时监控历史数据库的方式将为建筑物设备运行状态的自我诊断、建筑能耗的估计提供条件，从而为建筑内部设备及系统的运行参数调试、运行方式的选择提供科学依据，有效避免能源的浪费。

思　考　题

1. 智能设计的内涵是什么？
2. 智能设计有哪些优势？
3. 智能设计的国内外发展情况怎么样？
4. 智能设计有哪些应用？
5. 智能设计的价值体现在哪？有哪些更好的发展前景？

第7章

智能装备与施工

导语

施工是一个工程项目的关键，智能化的发展给施工带来了新的变革。本章将从智能装备与施工的内涵来介绍它的特点和优势，接着将介绍智能装备和施工的国内外发展概况，最后提出智能装备与施工的主要应用和价值。

■ 7.1 智能装备与施工的内涵

7.1.1 智能装备与施工的定义

智能装备（Intelligent Equipment）是具有感知、分析、推理、决策、控制功能的制造装备，它是先进制造技术、信息技术和智能技术的集成和深度融合。

智能施工是以建造过程中所使用的材料、机械、设备的智能为前提，在建造的设计与仿真、构件加工生产、安装、测控、结构和人员的安全监测、建造环境感知中采用信息技术与先进建造技术的建造方式。

施工智能化旨在连接物联网以及互联网设备，通过提供用户浏览器和服务器架构模式（Brower/Server，BS）权限，App端可视化操作软件来接入系统中的各个模块，如材料模块、物资申领与工时模块、人员管理模块、BIM协同模块等内容。智能建造包括多方面的技术和管理体系，技术在施工阶段的应用主要带来了施工生产要素、建造技术和项目管理的智慧化，产生了新的施工组织方式、流程和管理模式，具体体现在如下几个方面：

1）施工生产要素升级包括新型建筑材料和智能机械设备的应用。智能设备是以智能传感互联、人机交互为特征的新型智能终端产品，如智能安全帽、智能手环等。智能机械如智能挖掘机，综合利用传感、探测、视觉和卫星等多信息，使挖掘机具有环境感知能力、作业

132

规划及决策能力。

2）建造技术的升级是指施工方式从传统的现浇混凝土施工到装配化施工。目前建筑施工装配化主要有 3 种方式，一是现场建造方式，是现浇与现场装配的配合；二是预制装配式，70%～90%的工作都是先在工厂完成，然后运输到施工现场进行装配；三是使用 3D 打印技术实现现场整套打印，实现了建筑自动化建造。

3）项目管理的智慧化体现在智慧工地整体解决方案。智慧工地是建立在高度信息化基础上的一种支持人事物全面感知、工作互通互联、信息协同共享、决策科学分析、风险智慧预控的新型信息化管理手段。例如，RFID 技术被广泛应用于人员定位与管理、物料追踪、设备使用权限管理等。

7.1.2 智能装备与施工的特点

以前的机器装备可以看作一个实体，其中一些自动化程度很高，但是它们没有自我感知和自我意识。在数字智能时代，智能装备跟以前的有很大的不同。这些装备不仅有感知，还有意识，能自主地运动。所以，在某种意义上讲，数字智能时代的装备和以前的装备是不一样的。数字智能时代的智能装备可看作一个物理生命体，而以前的机器装备是一个物理实体。它们的区别在于，现在的数字智能装备在它的全生命周期中伴有数字化模型，包括它的开发、使用运行的整个过程。这种数字化模型被称为数字孪生体。数据是物理生命体的血液，数据及智能赋予物理实体"生命"；实际上，数字孪生体也就是智能装备之魂。

基于智能装备发展而来的智能施工较传统的施工有巨大的不同，智能施工很好地解决了传统施工方法所存在的弊端。智能施工解决方案旨在提高作业效率、降低施工成本，同时保证施工安全。在未来的智能施工时代，施工人员数量会大幅减少，取而代之的是各类机器人，它们的出现会缓解我国目前劳动力短缺等问题。在智能施工阶段，各种工种可以采用各种先进设备协调工作，避免目前施工过程中的推诿扯皮、窝工等现象，很好地提升工程质量、缩短工期以及降低造价等。利用智能化设备，开发一系列的智能化管理平台，可以从监测、管理、防范几个方面提升工程质量，减少施工过程中脏乱差的现象。例如，京张高铁八达岭长城站从隧道智能化勘察、设计、施工、监测四方面采用了智能模板台车、智能养护台车、人机定位管理系统一系列智能先进设备，打造智慧工地，采用新型智能施工方案，为工程的高质量、低成本、低污染的目标提供了有力的保障（见图 7-1～图 7-3）。

基于智能设备和智能施工可打造智慧工地，从而进一步提高我国智能化施工水平。较传统工地，智慧工地主要有如下几个特点：

1）智能网站互联网信息采集系统可以有效监控人员的考勤、施工数据和资料的使用，提高施工人员的工作效率，将人脸识别技术引入三类人员和特种作业人员的管理，科学有效地管理安保人员的考勤。实时检测设备材料，避免材料浪费，保证机械设备的合理使用，降低维修成本。在施工现场监测进出车辆和材料的运输情况，详细记录每辆车的情况，以及每批材料的情况。在不出去的情况下，管理人员可以使用移动 App 或互联网平台及时、准确

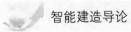

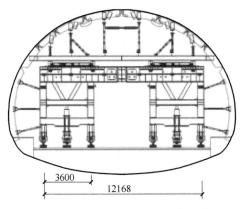

图 7-1　智能模板台车横断面结构示意图

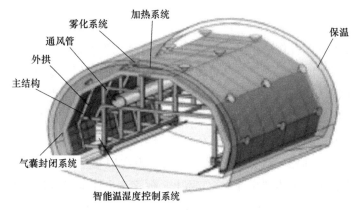

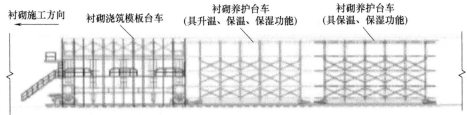

图 7-2　智能养护台车

图 7-3　智能化定位和施工组织管理平台

地了解施工现场的情况，并及时发布指令，提高科学管理的效率。

2）结合 BIM 系统，智慧施工可在施工前模拟项目全生命周期的情况，提前发现问题并提前解决问题，避免施工过程中类似情况造成的损失，模拟项目中的资金使用情况，预测实际施工中的资金消耗。在施工过程中，对工程进度进行实时监控，与模拟进度进行对比，通过信息收集和分析，及时反馈和纠正，发现问题。同时对施工过程中的成本进行动态监控，明确资金流向，确保施工各方利益。在保证工程质量的前提下，指导和监督施工过程，有效提高施工效率。

3）随着建设规模越来越大，施工现场的安全和秩序问题越来越突出，智慧工地的出现正好解决了这一问题。施工现场全覆盖监测，一旦发现安全隐患，系统会自动报警，同时识别进出施工现场的人员信息，确保施工现场的安全有序。

一些软件和设备很好地为智慧工地的发展提供了保障。例如，BIM 技术可视化可以提供更加直观的三维视觉，专项查询定位功能，使优化工作更准确、简洁。同时，利用 BIM 技术信息化手段，能准确地在三维模型中筛选最优化的构件，解决构件设计不合理的问题，便于优化设计人员检查方案，极大地提高了工作的便捷性和准确度。通过 BIM 技术优化的三维模型可直接导出二维图，并且保留建模过程中的数据属性，包括点位相对坐标、分区、编号等，便于项目实施人员在 CAD 中处理、查看。再如，测量机器人可进行自动目标识别、自动跟踪照准，在施工过程中自动记录放样点位，测量精度可达 0.1 mm 级别，防止因各种施工手段累积误差大而影响施工质量。根据编号分区、分时段有序施工，避免施工混乱。同时，通过内业坐标点位导出，避免在实施过程中输入大量点位坐标，节约施工工期。

7.1.3 智能装备与施工的优势

目前，传统的施工方法存在众多弊端，无论从设备、管理以及施工成本上还是从质量上都有着很大的缺点。在我国目前的发展阶段，国家要求装配式、绿色化建筑，因此施工面临巨大的变革，如何实现绿色化建设是行业首先要解决的问题。从当今科学技术的发展来看，智能装备与施工将很好地解决这个问题。新型的智能装备与施工较传统的施工具有以下几个优势。

在传统施工阶段有下面几种特点：

1）领工员管理工作面较多，无法专注在一个工作面工作。

2）各种机械对操作人员的工作经验要求高。

3）粗糙的施工手段会对施工质量造成较大的影响。

4）场地脏乱差，对于一些参考点有影响，增加施工人员工作量。

5）一些施工工具没有得到很好的管理，无法循环利用。

6）受人为决策影响的因素较多，如机械进场路径规划问题。

智能装备与施工能很好地解决以上问题，智能装备对于传统施工有以下几方面的优势：

1）可利用智能装备，如智能手环、智能头盔来定位，搭配研发管理平台，可实时对人员、材料、设备进行管控。

2）机器人施工可用于危险工程，更好地保证施工质量和人员安全。

3）利用智能设备进行操作施工，减少人员工作量，如测量机器人、三维扫描仪等。

4）利用大数据以及一些风险评估算法可很好地对施工方案进行优化和决策。

由上述可知，智能装备和施工较传统施工有很大的优势。它可以很大程度地改善传统施工方案的弊端，能够保证施工质量和控制施工成本。实际上，在目前的施工工程中，已经有很多智能装备和施工的应用。传统施工和智慧施工特点对比见表 7-1。图 7-4 所示为传统施工流程和智慧施工流程对比。

表 7-1 传统施工和智慧施工特点对比

施工方式	特 点
智慧施工	(1)不需现场测量人员,不需施工员现场指挥 (2)无须放样打桩,不存在柱被破坏的问题,可以保证整个施工过程的质量稳定 (3)降低操作人员的工作强度,如眼睛无须实时跟踪柱、线及平整表面 (4)平地机无须操作人员控制铲刀,可极大提高效率
传统施工	(1)领工员管理工作面较多,无法专注在一个工作面工作 (2)推土机、平地机对操作人员的经验要求高 (3)打桩材料多为消耗品,整平完后不能重复使用

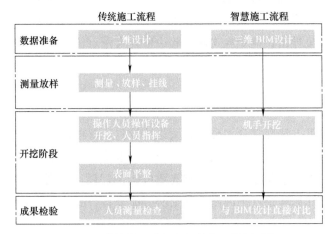

图 7-4 传统施工流程和智慧施工流程对比

■ 7.2 智能装备与施工国内外发展概况

7.2.1 智能装备与施工国外发展概况

目前，日本、德国、英国等发达国家都在利用新一代信息化技术推动建筑业变革。

日本为应对老龄化社会下劳动力人口减少的难题,于 2015 年提出"建设工地生产力革命(i-construcion)战略",即以物联网、大数据、人工智能为支撑提高建筑工地的生产效率,并计划到 2030 年实现建筑建造与三维数据全面结合。日本清水建设公司研发了用于钢骨柱焊接、板材安装和建筑物料自动运送等建筑机器人;日本小松公司于 2014 年研发、推广了内置智能机器控制技术的智能挖掘机,依托智能决策平台实现了现场施工数据实时传输、分析、计算和对施工机械的智能指挥。

德国于 2015 年发布了《数字化设计与建造发展路线图》,提出了工程建造领域的数字化设计、施工和运营的变革路径,核心内容是通过推广应用 BIM 技术,不断优化设计精度和成本绩效。同时,随着德国"工业 4.0 战略"的实施,以库卡为代表的企业研发了一系列搬运、上下料、焊接、码垛等建筑机器人,推动了建筑部品部件的智能化生产。

英国建筑业协会提出了建筑业数字化创新发展路线图:2020 年—2030 年,实现数字化集成,将业务流程、结构化数据以及预测性人工智能进行集成;2030 年—2040 年,将人工智能实际用于工程预测与后评价,逐渐普及建筑机器人;自 2040 年后,人工智能在工程建造中得到广泛应用,智能自适应材料和基础设施产品日益普及。

7.2.2 智能装备与施工国内发展概况

我国现代建筑工程的智能建造技术研究和应用目前仍处于初期阶段,部分核心技术依赖从国外引进,对先进智能建造装备依赖程度较高,约 50%的智能建造设备需要进口。

但是据相关数据统计,2017 年,全球人工智能核心产业规模已超过 370 亿美元,中国人工智能核心产业规模占比超过 15%。在政策与市场的支持下,目前出现了一大批优秀的智能建造装备企业,有的能在建筑结构中利用人工网络神经进行结构健康检测,在施工过程中应用人工智能机械手臂进行结构安装,以及在工程管理中利用人工智能系统对项目全生命周期进行管理。人与机器的协同建造,作为技术发展中的重要环节,可在一定程度上推动建筑建造的产业化升级,助推建筑产业链的延伸。

与发达国家相比,国内建筑业与先进制造技术、信息技术、节能技术融合不够,工程软件"卡脖子"问题突出,机器人和智能化施工装备能力不强,以智能建造推动行业转型升级的需求非常迫切。随着新一代信息技术的推广应用,工业互联网、大数据、区块链、物联网、机器人等技术日益成熟,为开展智能建造工作奠定了较好的发展基础。

目前,以中建科技集团、中建科工集团、三一集团、广东博智林机器人有限公司、睿住科技有限公司、广联达科技股份有限公司和建谊集团为代表的企业已经在智能建造领域先行先试,积累了宝贵的实践经验,但国内的智能建造仍处于发展初期。从重点发展方向看:

中建科技集团有限公司和中建科工集团有限公司侧重于装配式混凝土建筑和钢结构建筑的智能建造。

美的置业下属的睿住科技有限公司引入库卡的核心技术,重点打造集成卫浴智能生产工厂。

碧桂园集团成立的广东博智林机器人有限公司专门从事施工现场智能机器人的研发。

三一集团打造的"树根互联"和"筑享云平台"等工业互联网平台能够为企业提供基于物联网、大数据的公共服务。

广联达科技股份有限公司以数字建筑平台和"BIM+智慧工地"为核心,为工程项目实现全产业链资源优化配置提供整体解决方案。

建谊集团研发的"铇锴平台"致力于构建社群在线、模型生产线、平台工厂、智慧前台、金融支付、智企服务、维基建筑文化等建筑产业新生态体系。

这些企业的先行先试为推动智能建造发展奠定了良好的实践基础。

■ 7.3 智能装备与施工的应用

7.3.1 智能装备与施工的主要应用内容

目前,智能装备在我国已经有了一定程度上的应用。建筑工地上,人们经常可以看到一些机器人正在代替人进行生产工作。这些机器人被广泛应用于各种工程中,如土方工程、测量工程、装饰抹灰工程、墙体工程、混凝土工程等。它们的应用内容不仅局限于施工阶段,在建筑物以后的监测和维护工作中也都起到了很重要的作用。

波士顿动力公司发布了其首款面向开放世界的商用四足机器人 Spot,它可以在开放环境中运行,在崎岖的地形上保持平衡,并可以自行在已绘图区域进行导航。这使得在城市街道、大学校园和建筑工地应用机器人成为可能。这种机器人不再局限于企业内部,可以应对各种操作条件、人口稠密的空间甚至与其他自动化设备共同作业。

有很多墙体施工的机器人最先被应用于实际工程中,如墙体施工机器人、TKY·HI 型堆石机器人、ROCCO 型建筑砌墙机器人。德国杜伊斯堡埃森大学研发的墙体施工机器人能够实现砖块半自动砌筑。该机器人自带自动声呐导航控制系统,采用液压控制方式完成砖块砌筑。

在测量工程中,RTS 放样机器人已经得到了应用。该机器人主要包括全站仪与平板计算机两部分:

(1)全站仪 全站仪的结构如图 7-5 所示,左侧为测距系统,右侧为磁悬浮系统。在全站仪运行中,测距系统可直接测量施工现场物体的表面,无须安排放样人员在施工现场放置目标,可提高施工现场测量放样的安全性,适用于复杂或恶劣施工环境的测量放样工作;磁悬浮系统的转速为 115°/s,运行效率与可靠性较高,可避免全站仪在恶劣最终环境下出现棱镜丢失的问题,在短距离施工现场的测量放样中优势显著,磁悬浮系统发射的追踪光可迅速定位放样线,且在追踪目标丢失的情况下,追踪光也可找到追踪目标,引导棱镜杆持有人员锁定追踪目标。

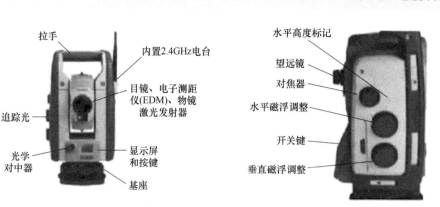

图 7-5 全站仪结构

（2）平板计算机 RTS 放样机器人的平板计算机配置的显示屏为电容触摸屏，可支持手势控制，有效保障放样单击操作的灵敏度与准确性。平板计算机共包括四个方向键、一个确认键、一个功能键、一个电源键与一个键盘锁按键，整体结构坚固耐用，适应不同施工现场环境的测量放样。该平板计算机配置了 500 万像素的摄像头，可保障测量放样的精度；可支持所有系统功能；内置 Trimble Field Link 软件，为测量放样提供技术支持；整合 2.4GHz 电台，保障数据传输的有效性，提高测量放样效率。该机器人已经应用于某五星酒店，该酒店属于一类公共建筑，建筑高度为 103.75m，属于超高层建筑；共有 27 层，地上部分有 25 层，建筑面积为 40232m^2；地下部分有 2 层。施工单位在该超高层建筑中应用钢结构，并通过 RTS 放样机器人进行钢结构测量放样。在钢结构工程测量中，RTS 放样机器人在放样精度、放样效率等方面优势显著。借鉴某五星酒店的施工经验，施工单位在测量放样时，可按照现场数据采集→三维模型构建→数据处理与管理→放样操作→误差处理→生成报告的流程，应用 RTS 放样机器人，为工程施工奠定基础。

智能设备不仅在施工方面运用，在人员管理方面也得到了应用。例如，在某第一通信机楼的施工过程中，应用了人工智能安全帽，人工智能安全帽的核心就是它的智能控制模块，智能控制模块包含微处理单元、红外检测模块、事故判断模块等，通过电子电路设计以及微处理程序设计，实现对数据的收集、处理分析、上传等功能（见图 7-6）。智能控制模块设

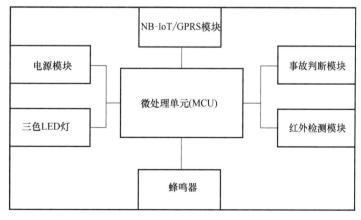

图 7-6 智能控制模块电路控制原理图

计由模块元件选型、电子电路设计、功能设计 3 部分组成。应用人工智能安全帽搭配智能管理平台，可以解决建筑工人实名制和考勤管理缺乏、建筑工人定位困难、施工效率管理低、突发事件处置缓慢、安全帽穿戴管理不完善等问题，实现安全防护、定位、穿戴设备、突发事件告警、施工效率、建筑工人出勤和实名制 7 个功能。

装配式建筑是国家大力推行的产业，而 3D 打印技术也能很好地应用于装配式建筑当中。华商陆海公司致力于 3D 打印技术在建筑工程中的研究，目前也已经将研究成果应用到实际工程中。在该公司名下的两款建筑 3D 打印机分别是龙门式建筑 3D 打印机和吊装式建筑 3D 打印机（见图 7-7 和图 7-8）。华商陆海公司的建筑 3D 打印机已经应用到别墅建筑、温莎城堡、装配式别墅、保温墙以及化粪池等相关工程中。它们的应用实现了把制造业中的数控技术应用于建筑业中。建筑 3D 打印机直接打印成型技术取消了模板工序，降低了工程造价成本，用机械施工代替人工，缩短施工工期，加快了施工速度。解决了建筑业中劳动力不足的困境，减少了工人赶工期的情况。3D 打印机能够减少施工现场的劳动力，缓解我国老龄化以及劳动力不足的情况。广泛推动建筑 3D 打印技术能够减少施工污染，一些构件在工厂内生产，可减少噪声及粉尘污染，更加环保，符合当前绿色建筑、绿色施工的理念。

图 7-7 龙门式建筑 3D 打印机

图 7-8 吊装式建筑 3D 打印机

目前还有很多智能装备已经应用到施工领域，如装修建筑机器人 Robot Tab-200 石膏板安装机器人、韩国仁荷大学与大宇建筑技术研究所合作研发的外墙自动喷漆机器人（见图7-9）、维护建筑机器人、可重构模块化外墙体清洗机器人（见图3-31），以及博智林旗下的众多施工机器人（例如测量机器人、墙面施工机器人、地面整平机器人、螺杆洞封堵机器人等）都已经投入实际工程应用中。

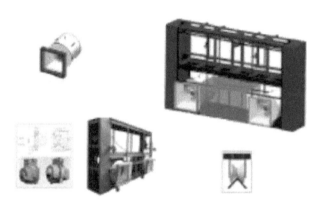

图 7-9 外墙自动喷漆机器人

除了上述应用之外，在工程项目中不能缺少的一个环节就是建造对接。建造对接就是将建筑各个部分、组件连接到一起，其中涉及二维切割、减材制造、增材制造、数字拼装等先进技术；除了物理实体之间的建造对接之外，还包括虚拟实体和物理实体之间的对接。

二维切割是对平面图形进行简单的分割等。随着现代机械加工业的发展，对切割的质量、精度的要求不断提高，对提高生产效率、降低生产成本、具有高智能化的自动切割功能的要求也在提升。数控切割机的发展必须要适应现代机械加工业发展的要求。切割机分为火焰切割机、等离子切割机、激光切割机、水切割等。其中，激光切割机效率最快，切割精度最高，切割厚度一般较小。等离子切割机切割速度也很快，切割面有一定的斜度。火焰切割机针对厚度较大的碳钢材质比较有优势。各行各业都需要切割，建筑领域也离不开切割技术，主要涉及钢筋切割、板材切割、混凝土切割、石材切割等。最常见的便是钢结构切割、混凝土以及石材切割，因此常用的切割机主要包括水切割以及激光切割等。随着计算机以及人工智能技术的发展，出现了一批智能化切割设备，它们的特点主要有以下几点：

1）强大的几何算法。可依据特定的机器设备的加工工艺和生产限制，对构件的几何数据进行动态的评估、修正和优化，确保其准确合理地转化为适合工业化建造技术的可生产型模型，机器人自动适应构件几何生成加工路径，节约人工加工编程时间。

2）图形化编程。操作界面简单、可视化，不编写程序代码就可以完成复杂机器人的运动轨迹设计和工艺适配，帮助现有从业人员和产业工人快速上手应用，提高工作效率。

3）离线和实时仿真模拟。可直观地看到机器人加工仿真全流程，并通过限位报警和碰撞检测等功能快速分析出加工过程中可能出现的各种潜在风险，帮助工厂及时调整设计与加工策略，降低生产误差及返工率，保障生产安全。

4）支持国内外多品牌机械臂。支持 KUKA、ABB、FANUC、川崎以及 UR、傲博、新松、埃夫特等工业和协作机器人品牌，支持多外部轴以及多台机器人的协同工作，同时支持与数控机床的联动生产，并且支持工厂多样化预算需求下的技改方案和生产需要。

5）支持搭载多种工业传感器。3D 工业相机、2D 工业相机、线激光、点激光、IMU、编码器、激光雷达等多种工业传感器的搭载，对建筑产品进行智能识别、追踪和检测，实时优化机器人运动路径，帮助工厂应对复杂多样以及更高建筑生产精度的加工需求。

6）自动化工艺库。提供涵盖建筑多材料及节点系统的自动化加工工艺库，支持末端执行器的自动适配以及加工策略的自动规划，并且可根据生产项目所需，在线持续扩充和升级工艺库，可给予工厂实用、高效的生产指导，涵盖工具选择和节点系统模版匹配。图 7-10 所示为混凝土切割现场。

图 7-10　混凝土切割现场

减材制造是去除坯料或工件上多余材料层的制造工艺，通过对金属、木材、泡沫、塑料等进行切割、铣削、开孔和打磨等，使加工产品拥有精准的几何造型和节点构造。随着自动化技术的发展，机器人逐渐进入减材制造领域，解决传统的加工设备无法解决的工艺难题。在金属加工行业，高质量、高精度、高稳定性的自动化加工成为行业发展的必然趋势。传统金属切割工艺虽然借助机械，但最主要的加工操作来自于工人，并且对工人的技术要求高，在加工质量和效率上无法得到保障。一些企业的减材制造解决方案可满足任意金属板材的切割，如 H 型钢、工字钢、槽钢、角钢等型材任意相贯口型、开孔及坡口切割，具有性能可靠、运转灵活、平稳高效等特点；同时，提供非金属材料，如木材、GRG、FRP、GRC 等复合材料的自动化铣削加工技术，最大化地减少材料的浪费。一些现存的智能装备有以下优势：

1）满足大尺度构件的规模化生产。根据客户提出的定制化生产需求，可通过 6 轴机器臂搭配任意外部轴模块，突破传统机床的加工尺寸限制。

2）复杂形态自由适应。在减材制造工艺库中，提供先进的自动化的铣削和切割工艺，

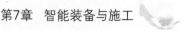

可实现金属、木材、泡沫的多维度加工，满足各种大型复杂建筑构件的快速加工。

3）多工艺组合，提高生产效率。可定制和更新末端工具，客户可根据材料特性选择等离子切割头、铣刀、铣盘、三尖钻、链锯、圆盘锯、热线切割等多种工具，在加工过程中，机器人可自动切换工具，完成不同工艺的加工和组合，同时保证工序之间的连续性，大幅度提高生产效率。

4）视觉技术提供质量检测。通过搭载的传感器实时、精准地采集生产过程中的数据，并与设计的三维模型进行比对，为产品的质量检测提供有效的数据支撑。图 7-11 所示为减材制造机。

图 7-11　减材制造机

增材制造以数字模型文件为基础，对金属、高分子等材料通过挤压、烧结、熔融、光固化、喷射等方式逐层堆积，制造出实体物。传统金属焊接的主体是工人，在焊接过程中容易受到主观因素的影响，导致焊接质量参差不齐，产品的返修率较高，容易出现脱焊等情况，同时为了保证焊缝外观质量，焊接后需要采用砂轮机进行打磨，导致成本增加。为此，一些企业提供金属焊接增材制造方案，通过传感器智能识别焊缝规格和修正路径，有效提高工件定位精度，保证焊接轨迹与焊缝重合度，同时减少人员干预，提高焊接质量。此外，针对其他建筑材料，提供智能化的 3D 打印设备，支持水泥、塑料、陶土、蜡等多种材料打印，满足大尺度建筑构件、城市家具和景观装置的一站式制作，3D 打印技术也可用于生产金属和混凝土构件的模具。目前有很多增材制造装备，它们主要有以下优势：

1）满足大尺度构件的规模化生产。根据客户提出的定制化生产需求，可通过 6 轴机器臂搭配任意外部轴模块，突破传统机床的加工尺寸限制。

2）生产质量稳定可控。通过软件连接视觉传感器与自动化的工艺模板，实现高精度的增材制造，并通过实时的轨迹修正技术，解决原材料自身和前序工艺带来的加工误差问题，实现精益化生产。例如，当机器人焊接时，它的参数是恒定的，焊缝质量受人影响较小，而人工焊接时，焊接速度、焊丝伸长等都是变化的，难以确保焊缝的统一性。

3）非标构件的柔性生产。自动识别建筑模型的几何参数，通过自主的机器人路径规划适应建筑构件的多变性，减少现场编程施教的成本，提高生产效率。

4）视觉技术提供质量检测。通过搭载的传感器，在生产过程中实时、精准地采集数据，并与设计的三维模型进行比对，为产品的质量检测提供有效的数据支撑。图 7-12 所示为 3D 打印机。

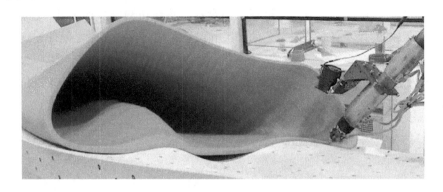

图 7-12　3D 打印机

数字拼装是根据各构件之间的空间关联性，在对构件接口的特征点进行坐标采集的基础上进行坐标间的转换，并在专用软件中进行数字建模，从而达到精度分析的一种方法。它的原理可以归结于如下两点：

1）对单个已经加工完毕的构件建立坐标系，通过测量得出控制端口（控制点）的坐标。

2）将多个相关构件建立统一的整体坐标系，将单个构件控制点单独的坐标转化为整体坐标系下的坐标，每个接口形成 2 个接口面，分析接口面的间隙、错边情况。

钢结构一般都是先在工厂制作完成构件（包括扩大构件），再运输到建造现场安装组成的。为确保构件运到现场后能准确安装就位，一般需要在工厂进行实体预拼装以检验结构的可拼装性。工厂实体预拼装，就是将分段制造的大尺度柱、梁、桁架、支撑等钢构件和多层钢框架结构，特别是用高强度螺栓连接的大型钢结构，分块制造和供货的钢壳体结构等，在出厂前进行整体或分段、分层临时性组装的作业过程。实体预拼装不仅需要占用工厂的场地、设备，还要设置胎架，耗费大量的人力、物力，成本很高。近年来，随着计算机技术的迅猛发展，为传统的实体预拼装技术带来了工艺革新的契机。人们可以借助于计算机及相关技术在 CAD 环境中对实体预拼装过程进行模拟，从而辅助甚至省掉实体预拼装。目前，超高层桁架层、大跨度场馆等钢结构的构件形式比较复杂，且复杂构件之间具有空间关联性，因此对构件间接口的制作精度要求很高，有时仅靠控制单体构件精度无法满足现场安装要求，因此对于复杂的构件，通常要求在加工厂进行预拼装。例如，上海中心大厦 2 区桁架层用钢量超过 7000t，由环向桁架、径向桁架、巨型柱、角柱等共计 157 个单体构件组成，而单体构件最重超过 100t。加工厂制作完成后现场采用焊接、栓接方式进行安装连接，这两种连接方式均对构件的制作精度要求很高，但是由于场地、吊装设备、时间等方面的限制，加工厂不具备整体预拼装的条件。为了有效控制构件的制作精度，在经过充分论证的基础上，该桁架层采用了部分实物预拼装结合整体数字模拟预拼装的方式进行精度分析，并取得了预期效果。目前，数字模拟预拼装方法在钢结构中应用不是很广泛，但是目前超高层、大跨度、外观新颖、结构复杂的建筑越来越多，造成一些钢结构构件越来越复杂，这些具有空间关联性的构件制作、安装控制难度均比较大。对于无法进行整体实物预拼装的钢构件，在经过充分论证和实践的基础上，数字模拟预拼装可以作为一种补充的控制手段。图 7-13 所示为角柱数字拼装效果图。

图 7-13　角柱数字拼装效果图

7.3.2　智能装备与施工的应用价值

我国建筑业属于劳动密集型行业，很多工序依赖于多人协作完成；属于高危行业，根据我国国家统计局对 2016 年各行业较大级以上事故的统计显示，建筑业的事故及伤亡人数数量仅次于交通运输业，远高于其他行业；属于资源需求极为密集行业，传统的人工作业方式过于粗放，建筑施工质量不能得到有效控制等。因此，我国提出了"建筑 4.0"战略，即结合建筑业特征，发展工业机器人技术，形成具有针对性建筑机器人，这个战略是解决建筑业以上诸多问题的有效途径。

智能装备可以自己在环境中学习。它做的事情越多，经验也越多。在施工运行的环境中，机器可以从数据中发现一些潜藏的规律，装备会变得越来越聪明。复杂的机电系统中很多相互关联的因素，往往连专家们也难以意识到，基于大数据的深度学习方法能够发现那些隐藏的关联。具有学习能力的孪生模型，能够使物理装备变得越来越聪明，也是物理生命体最重要的"自我意识"。智能装备通过实时采集运行过程中的数据而建立起来数字孪生模型，这是装备能够自我意识、自己适应环境变化的关键。这种"生命"的过程总是在特定的环境中，与伙伴、装备服务的对象、操作者等联系在一起。

自主移动的机器人技术融合了激光雷达、深度摄像头、超声波雷达等多项感知技术，可全面感知周围环境，拥有智能的决策能力，能实现在生产环境中灵活、自主地避让、协同，非常适合部署在复杂、动态的生产场景中。

思 考 题

1. 用自己的语言概括智能装备与施工的定义。

2. 智能装备与施工有哪些特点？

3. 对比传统施工方法，概述一下智能装备与施工的优势。

4. 简要概述智能装备在国内外的发展概况。

5. 列举一下目前有哪些智能装备和施工机器人？

6. 智能装备与施工有哪些应用价值？

7. 你可以自己构思一款施工机器人吗？如果可以，请简要论述。

8. 谈谈你对智能装备与智慧工地未来发展趋势。

第 8 章

智能监测与防灾

导语

　　自然灾害、事故灾害和公共卫生事件频发，导致人民群众的生命财产安全和社会经济的有序发展受到严重威胁。在防灾形势严峻的背景下，亟须新的理论方法和技术手段来提高灾害预测的准确性、风险评估的科学性、响应救援的及时性和恢复重建的高效性。本章将介绍智能监测与防灾的定义，同时介绍它的特点，接着对智能监测与防灾的国内外发展概况进行介绍，最后介绍智能监测与防灾的应用。

■ 8.1　智能监测与防灾概述

8.1.1　智能监测与防灾的定义

　　人工智能（AI）的蓬勃发展为我国灾害风险管理工作提供了一种新的发展思路和强有力的技术支撑。随着图像识别、自然语言处理、机器学习、专家系统和机器人等人工智能技术的快速发展与进步，人工智能在防灾、减灾、救灾过程中起到了积极作用。在大数据、云计算和物联网环境下，基于人工智能技术的数据挖掘和风险评估技术能快速、高效地做出响应，凸显人工智能技术处理不确定性和复杂性的优势。由于具有强大且敏锐的数据挖掘与分析能力，人工智能技术在灾害预警、风险识别、灾害救援与恢复等方面均有涉及，可为防灾、减灾、救灾工作提供及时、准确的信息和应对方案，可以实现表 8-1 中的基本功能。

表 8-1　智能监测与防灾基本功能

阶段	基本功能	人工智能技术
灾前（预防准备、监测预警）	地质灾害风险评估预警	径向基础函数网络
	洪水预测	遗传算法、人工神经网络
	自然灾害监测	群体机器人技术

（续）

阶段	基本功能	人工智能技术
灾前（预防准备、监测预警）	预测大坝故障	人工神经网络
	活火山观测	无人机
	水位预测	外生输入神经网络自回归和人工神经网络等
	洪水风险地图	卷积神经网络
	地震建筑损害分类	卷积神经网络
	滑坡风险、洪水风险识别	贝叶斯分类、卷积神经网络
	早期火灾探测	卷积神经网络
灾中（灾害响应、应急处置）	灾害图像检索	卷积神经网络、支持向量机、随机森林模型
	救灾优先级确定	卷积神经网络、语义分段模型
	地震破坏监测	多层前馈神经网络、径向基础函数神经网络、随机森林模型
	实时破坏地图	卷积神经网络
灾后（善后恢复、灾后重建）	震后损失地图	人工神经网络、支持向量机
	烧损区域地图	卷积神经网络
	灾后重建	计算机视觉、计算机图学

2017 年，国务院发布《新一代人工智能发展规划》，强调要利用人工智能提升公共安全保障能力，运用人工智能技术强化对地震灾害、地质灾害、气象灾害、水旱灾害和海洋灾害等自然灾害的监测能力，构建智能化监测预警和综合应对平台。因此，研究如何充分发挥人工智能技术的优势，寻找它与灾害风险领域的结合点和突破点，提高灾害风险管过程的智能化水平，对提升城市灾害风险抵御和应急响应能力、促进城市韧性发展具有重要意义。

8.1.2 智能监测与防灾的特点

智能监测技术可连续采集高精度监测数据，实时反馈监测信息，对结构变形及安全状况进行分析和评估，数据异常时及时预警，是一种信息化、智能化的监测手段，利用物联网、智能传感、深度学习等技术手段，可实现对历史文化建筑结构全生命周期的在线监测与安全预警。

智能结构监测系统是在结构中集成传感器和无线采集传输设备，结合大数据云平台，赋予结构健康自诊断和报警功能的一种结构健康无线监测系统。智能结构监测偏重无线采集传输，是传统结构在线监测的升级。相比于传统结构在线检测，智能结构监测赋予传感层更多使命，将采集传输功能赋予传感器，使得整个监测系统更小巧灵活。

传统结构在线检测系统多为本地化部署，数据需要现场抄录之后录入系统，再经过专家的审核确定结构物的状态。智能结构监测系统在传感器内集成采集传输功能，或将采集的数据无线传输至网关，由网关统一发送至云平台，通过算法和大数据分析对比，确定结构物的健康状况，将评价结果反馈给相关用户。当数值超过设定阈值时，系统可自动发送报警短信

并通过邮件和手机 App 等方式通知相关人员。

目前，智能结构监测正在朝着智能结构发展，即在智能结构基础上增加控制器，根据系统算法反馈至控制器，增加结构的主动性。智能结构监测可以保证数据的真实性和有效性，减少人工干预和误差。通过大数据对比分析，可以更有效地分析结构的问题和提出解决方法，易于实现对管理区域内的结构物信息化和系统化管理。目前，工讯科技（深圳）有限公司的智能监测传感器和系统已经应用于地铁施工期结构安全监测、地铁运营期风险源结构安全监测、边坡结构安全检测、桥梁结构安全监测、隧道结构安全监测、铁塔和输电结构安全监测、通信基站结构安全监测、起重设备结构安全监测、古建筑结构安全监测、铁路结构安全监测、船舶和石油平台结构安全监测、基坑结构安全监测、城市管廊结构安全监测、水利大坝结构安全监测、学校建筑和超高层建筑结构安全监测等诸多项目。

8.1.3 智能监测与防灾优势

随着智能监测与防灾技术的深入发展，灾害监测预警、风险防治、公共服务和应急保障能力显著提高，精密智控的自然灾害风险防治格局基本建立，高质量防灾减灾公共服务体系加速构建，为加快建设更高水平的平安城市提供了很好的支撑。

智能监测与防灾有如下优点：

1）体制机制运行更加高效。基于"大安全、大应急、大减灾"体系的防灾减灾体制机制运行更加高效，防灾减灾机构职能配置、机构设置和人员配备更加合理。防灾减灾数字化运行体系，使整体智控水平大幅提升。

2）精密智控水平大幅提高。建成统一的多灾种预警发布和信息管理平台，灾害预警信息发布的准确性、时效性覆盖率显著提升。建成灾害基础数据库和构建灾害风险管理"一张图"，形成不同灾害应对的数字化场景应用，防灾减灾精密智控水平大幅提高。

3）服务保障效能显著增强。应急物资保障体系科学合理，科技资源、人才资源、信息资源、产业资源配置更加优化。

■ 8.2 智能监测与防灾国内外发展概况

8.2.1 智能监测与防灾国外发展概况

随着建设事业的蓬勃发展，一些超大型建设工程的相继建成，人们对这些大型建设工程的安全性与正常使用功能日渐关注和重视。将监测系统和智能控制技术相继运用到这些大型项目中，日益成为国内外建设工程学术界和工程界的研究热点，对于不同类型的建设工程建立了各种规模的监测监管平台。

韩国首尔地铁项目通过结合 GIS 和人工神经网络技术，开发了 IT-TURISK 地铁施工风险评估系统，主要实现对地面塌陷、建筑物损害地铁评估系统以及地下水补给的模拟。意大利某公司基于 B/S 架构模式，研发出一套解决施工安全管理的软件系统 GDMS，该系统可以自动采集、管理、显示施工监测数据，借助可视化技术，用户可以在地图上直观地查看监测信息及图像，当预警值超过设定的阈值时，系统会及时地通过发送短信或者邮件告知相关负责人。法国开发了 PANDA 大坝监测信息管理系统，该系统通过因特网传输数据，可以实现对大坝监测数据的分层管理。日本研发出一套实时监控管理系统 BRIMOS（见图 8-1）。国外建立监测监管平台的典型还有英国的 Flint-shire、美国的 Sun-shine Skyway Bridge 以及加拿大的 Confed-eratio Bridge。这些监测监管的功能与数据往往局限于单个系统，无法实现数据与其他监测系统的比较分析，无法体现监测监管平台的优越性。

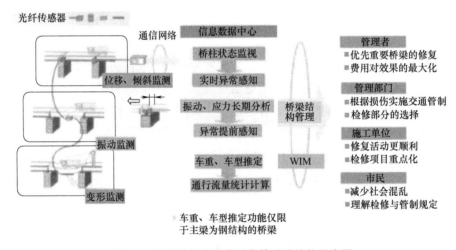

图 8-1　桥梁结构安全监测监管系统结构示意图

同时，国外基于人工智能技术的灾害风险研究数量总体呈上升趋势。自 2016 年后研究数量增长较快，研究主要集中在水资源、地质科学、环境科学、工程学和计算机科学等领域，水圈和地质圈的灾害是这部分研究的主要对象。国外研究注重系统思维，主要探索人工神经网络等人工智能技术在灾害研究和气候变化领域中的应用；近年研究热点逐渐集中在机器学习（Machine Learning）、图像识别（Image）、数据集（Dataset）等技术的应用。

8.2.2　智能监测与防灾国内发展概况

区别于国外单一监测监管平台，国内在单一监测监管平台之外还搭建了简单平台。胡友健等人研究建立了基坑监测数据库管理系统，主要实现基坑监测信息的导入功能，能够分析不同格式的监测数据，判定基坑监测目标的安全状态。谢伟等人介绍了基于 Web 的基坑监测信息管理平台，改变了传统 C/S 架构模式，可以在 Web 端进行监测数据的处理，实现了监测数据的共享。该系统主要用来管理监测数据，进行图像绘制。张建文研究建立了深基坑监测预测报警系统，主要实现基坑监测数据存储功能，对数据库数据利用灰色模型进行预测，采用若干指标判定基坑项目的安全状态。张通等人分别在山东滨州黄河公路大桥、山东东营黄河公路大桥、天津永和桥及哈尔滨四方台松花江大桥上布设了实时在线监测系统，对系统设计及远程网络监测技术、损伤识别、模型修正及安全评定等方面进行了大量的研究。梁桂兰等人采用 Visual Basic 编程语言和 SQL 数据库管理系统，运用可视化技术，在 VB 和 GIS 的基础上研制了应用于边坡工程监测信息管理的可视化分析系统。吴玉财等人研发了能满足监测数据有效管理、监测数据可视化查询，根据监测数据对边坡稳定性进行分析和分析后进行变形预测、预警等功能的"边坡监测信息分析系统"。

近年来，由于动态设计及信息化施工技术的提出，国内外学者对建筑工程监测技术进行了更深入的研究，具体表现在两方面：

（1）监测方法及仪器快速发展。随着测量技术、传感器及自动控制技术的发展，监测技术也不断向自动化和高精度的方向发展。在测量监测领域，如果是在开阔的地区且测点密度不是很大，静态已经可以满足变形监测要求。对于深基坑施工监测，监测点一般较多，则可使用新一代高精度智能全站仪，对多个测点进行自动定时监测，得到测点的实时三维变形数据。此外，传感器制造技术也在不断发展，新一代的传感器将更坚固、可靠、稳定和高精度。围护墙的深部位移可以使用固定倾斜传感器，安装于测斜管内，进行墙体深部的水平位移自动监测，而支撑轴力、上压力、孔隙水压力测试通常采用的振弦式测力传感器是较为成熟的产品，通过电缆线将这些传感器接入控制模块便可实现自动控制。在国外，支撑轴力的测力传感器甚至直接和加力设备合二为一，在主控机上可以直接看到支撑实时的受力情况并可以随时调整。同时，地下水位和土体分层沉降测试等监测项目也可以采用带相应传感器探头的自动测控仪器。当然，自动监测技术的实施还离不开自动控制技术，需要强大的网络通信系统及控制软件做后盾，还要有优秀的切合现场需要的数据分析软件。

（2）监测内容不断完善，分析方法不断改进。监测内容现已包括围护墙坡顶水平位移、围护墙坡顶竖向位移、围护墙体深层水平位移、围护墙体内力、支撑内力或变形、立柱位移、锚杆拉力、坑底隆起、土层分层竖向位移、围护墙前后土压力、孔隙水压力、地下水位、基坑周边地表竖向位移、周边建构筑物变形以及地下管线变形等。分析方法有神经网络预测预报方法、实时建模时序分析预测预报法、模糊数学预测预报分析法及灰色系统预测预报法等多种建筑基坑预测预报分析方法。

■ 8.3 智能监测与防灾的应用

8.3.1 智能监测与防灾的主要应用内容

目前我国正处于城市基础设施建设蓬勃发展的时期，随着建设施工项目规模的不断扩大、各类重大建设项目的稳步推进，随之面临着施工工艺复杂、施工组织结构多样、并行穿插施工等带来的监管难题与施工安全隐患。基于物联网、传感器、信息与通信技术，对建设工程监测监管预警云平台的建设与应用进行研究，主要应用内容如下：

1）项目人员是施工阶段建筑工地最活跃的对象，不规范的行为不仅容易对项目人员自身的健康与安全造成极大的影响，还对建筑施工进度造成直接影响，严重者甚至对建筑结构的安全与功能造成无法修复的破坏。将建设施工过程中工人的行为作为独立监控对象，基于多传感器融合研究对施工工人行为的智能监控方法，实现对施工现场人员行为安全的评估。

2）针对大型建设工程项目结构形式多、工序繁杂等特点，通过对既有技术与管理资料的全面分析，针对不同结构形式以及结构功能的重要性，分别按不同尺度建立结构单元的数字化模型图库，为结构安全分析提供统一的数据源，对整体工程项目进行节点识别，并进行节点施工风险评估，建立基于 BIM 技术的实时动态反馈机制，实现高风险节点工程施工精细化管控与智能决策技术，确保施工安全。构建基于 BIM 技术的危大工程项目施工结构安全管控系统。

3）针对建设工程项目监管源多且杂，以及信息流并行穿插的监管难点，运用大数据、云计算、信息技术、通信技术等先进的科学技术，研究构建多源异构监测基础设施分布式信息管理平台。针对建设监管过程中的大规模并发数据流的存储与访问，研究构建设项目属性数据库和空间数据库，融合基础数据库，确保监管数据按照施工组织机构来组织、存储和管理。建立面向建设工程项目监督、管理与预警的云平台，实现基于云计算与大数据分析的建设工程项目智能监督监管。基于对建设工程项目结构的自主监控，针对建设工程项目监督、管理与预警任务中涉及的工程施工进度管理、人员管理、施工安全监管以及施工环境监管，研究基于云平台的智能化监督与管理。实现对系统权限管理、数据采集管理、数据计算存储管理、预警管理、监督管理、数据查询管理、报告编制管理、信息管理的云端操作与处理，最终实现基于云计算与大数据分析的建设工程项目智能监督、监管，并提供多终端（远程手机 App、Web 以及现场屏幕监控）的访问控制。实现的多源异构监测基础设施分布式信息管理平台的主要功能如下：

1）数据采集系统软件和硬件的设计：通过应用客户端与网络技术，实现监测数据与平台的交互。

2）监测物理量空间数据的三维实时动态可视化表达。

3）根据实时的监测数据和其他相关资料，精确地实现建筑物结构的变形预测预警。

4）对各监测单位之间的信息进行统计，实现各参建单位的信息交互、网上办公及信誉评价等。对正在实施监测的项目进行大数据分析，运用多种图表形式实时规定区域内所有监测项目信息的呈现。

5）从监管单位层面实时掌握辖区内建筑物的实施情况，对异地项目远程监督及管理，全天候显示和分析安全状况，实现数据监测、视频监控、GIS 定位功能的现代化实时远程监测及预警。平台预警后结合 GIS 系统统筹协调区域内施工工况，快速响应应急救援措施，提

供指挥调度、接处警和应急辅助决策分析。

6）实时监测建筑物结构的工作状态，处理监测信息，做出建筑物评估。当建筑物工作状态或者承担的运营荷载达到异常界限值时，建设工程监测监管预警云平台通过 App、微信公众号、短信等方式向相关人员及时发送报警信息。

7）平台对监测数据进行过滤、数据压缩、数据分类，自动完成报告编制，通过互联网按时推送监测报告给各级管理部门的管理者及相应的技术人员，相关人员能通过手机 App 实现随时随地快速完成报告成果审批签名。

8）平台对所有数据进行分类，实现通过数据类型、数据时间、报警信息等各种搜索引擎及工具快速查找。

9）借助于建设工程监测监管平台及时获取建筑物结构的受力工作行为信息，设计者可通过这些信息进一步校验原计算理论模型是否符合实际，设计方案是否正确。

10）监测平台充当"现场实验室"，为实验室调查及理论研究提供实测数据，对结构行业损伤机理的宏观分析、结构变形及破坏趋势研究、不同类别结构损毁成因等具有指导意义。

8.3.2 智能监测与防灾的应用价值

人工智能技术为城市灾害风险管理研究提供了多源数据和技术支持，能够使研究者更全面、动态地了解城市灾害风险。结合人工智能技术的灾害风险管理可实现智能的灾前监测、评估与预警，及时的灾中应急救援与响应，以及高效的灾后协同应对与恢复重建，为提高城市防灾、减灾、救灾能力提供了一种创新性的路径。通过构建融合多源数据和人工智能技术的灾害风险管理平台，完善智能化的监测、预警与评估体系，明确不同阶段关注的人工智能关键技术，强化不同利益相关者之间的协作，能够积极促进人工智能技术在我国城市灾害风险管理领域的深度应用和实施落地，促进城市安全、韧性发展。

对施工机械监测系统可实时监控各类机械的工作状态，如速度、质量、位置、状态、操作者信息等，并做出语音提示；通过外置透传模块实时传送至服务器，使管理者和监管部门在任何可以上网的地方实时掌握各个机械的工作状态并采取相应措施，从而减少机械的事故隐患。若配合塔式起重机智能安全监控系统和扬尘在线监测系统，就可以完整地实现施工现场的全面监测，并将这些施工设备和施工环境监测信息传输到统一的监测平台上，极大地方便管理者和监督部门对有可能出现的事故隐患进行及时处理，以确保施工过程安全有序进行。

对于绿色建筑也有一定的积极作用。利用集成化监测系统管理平台，将监测系统各子系统与物联网技术有效结合，对监测过程实施精细化、动态化、数字化管理及分级权限管理，全方面掌控建筑运行数据报告，提高运行质量，为绿色建筑的智慧建造提供及时、准确的数据分析，进一步加强建筑结构安全和施工过程的监测和管理，特别是项目能耗监测系统、大型设备监测系统、架体监测系统抗震和支座监测系统四个监测系统，具有很大的推广前景。

在防灾方面中，对于山洪灾害的监测技术的应用范围较广，达到了一定的防治效果，如今科技力量逐步壮大，走向人工智能这一路程还是比较漫长的，需要进一步的研究和探索。对于今后的发展趋势，防治工作预警指标方法和构想：以自动监测系统、监测预警平台和水文模型为基础的实时动态预警指标分析方法，适合简易雨量站，考虑累积降雨量、前期影响雨量、雨强等因素的复合预警指标分析方法；应用气象预警的预警理论方法，建立平台预警、现地预警及气象预警三种模式，以提高我国山洪灾害监测预警信息发布的精准度，实现预警指标的科学化。如今，随着科学技术的进步，地质灾害监测技术也随之发展起来，无论国内还是国外技术，都是以先进的科学技术为依托发展进步，人工智能推动了监测预警技术的进步。只有掌握先进的监测预警技术，才能减少山区暴雨山洪水沙灾害对人们生产生活的损失。

对于智能楼宇，通过综合解决方案，将多项重要技术和应用创新结合起来，实现信息共享和融合，同时提高数据相位同步的能力；利用图形和直方图进行可视化显示、分析和比较，且报告可以打印出来；通过监控系统平台，获取大量不同类型设备的能耗数据，能源决策者或节能专家将对能耗设备的峰谷数据进行详细研究和分析，得出降低建筑能耗的方案和策略。

总体来说，人工智能的发展极大地促进了监测与防灾的发展，智能监测与防灾无论是在建筑施工、施工机械还是在灾害预测、智能楼宇的运维中都有一定的积极作用。智能监测与防灾解决了传统监测手段在防灾方面的不足，可持久不间断地提供监测服务，全天24h为人们的生产活动保驾护航。

思 考 题

1. 智能监测与防灾的定义是什么？
2. 对比传统的监测防灾手段，论述智能监测有哪些不同。
3. 你认为智能监测与防灾有哪些不足？
4. 列举一下你知道的智能监测与防灾的相关设备。
5. 用自己的语言概述一下智能监测与防灾的应用内容。
6. 收集一下国外智能监测与防灾的案例，说说我国在这方面存在哪些差距。
7. 你能设计一个监测与防灾方法吗？如果能，请简要概述。
8. 收集一下资料，列举一些目前存在的智能监测与防灾的应用案例。
9. 谈谈你对未来智能监测与防灾的展望。

第9章

智能运维与服务

导语

在建筑的全生命周期中，建筑的运维占有最大部分的比重，运维对于一个建筑来说至关重要。随着信息化的发展，智能化、信息化的智能运维服务逐渐被用于建筑中，为建筑提供高效的运维服务。本章将从智能运维与服务的定义出发，为读者介绍智能运维与服务的相关特点和优势，接着概括智能运维与服务国内外发展概况，最后总结它的应用范围及价值。

■ 9.1 智能运维与服务概述

9.1.1 智能运维与服务的定义

智能运维最初是由 Gartner 公司定义的一个概念。建筑智能运维是运用人工智能、大数据、云计算等新一代信息技术，实现对建筑物持续洞察和改进的运维技术。建筑智能运维会增强或部分取代现有的运维技术。智能运维重点关注运维数据全生命周期的管理和利用，从不同数据源获取海量运维数据进行存储，并基于人工智能算法等技术进行数据的分析处理。

智能运维采用大数据、人工智能及更多新技术，具备主动性、人性化和可视化的特点，直接或间接地提升传统运维能力。总体来说，就是"监控、定位和预测"。智能运维则是借助大数据处理和人工智能的赋能，对运维数据进行采集、存储和统一管理，并由算法实现异常检测、报警、定位等智能化场景，从而降低运维成本，并大大缩短平均故障处理时间。近年来，5G、云、人工智能等技术正加速智能化社会的到来，新技术正在重构建筑业。传统人工、工具化的运维方式已不能满足当前建筑运维的需求，建筑智能化运维转型已经成为社会的迫切需要。

9.1.2 智能运维与服务的优势

随着新技术的发展，功能不断齐全，实力强大的智能运维系统脱颖而出，智能运维与服务能够将运维服务变得更加简单化、人性化。通过物联网，基于 BIM 的综合监控平台以及云平台，实现了不同厂家智能化子系统的深度融合、智能化系统和企业信息化系统的整合、互联互通及信息共享，彻底打破了"智能孤岛"和"信息孤岛"，极大地提高了智慧化水平，实现了智能化系统的功能倍增、性能倍增。

智能运维与服务能够进行施工安全管理，推动了建筑业安全稳定运行。建筑工程施工中存在一定的安全隐患，如部分施工人员的安全意识不强，没有应用安全防护技术，一旦发生安全问题，会对建筑工程施工人员的安全有一定的影响。当应用 BIM 技术时，可以将相关设备安装到施工场地中，并调节自动报警系统，一旦建筑工程中出现安全问题，系统能够立即启动防护系统，保障建筑工程能够平稳运行。由于施工设备需要定期进行运行维护，在检查时，需要消耗大量的人力、物力，并且检查工作容易出现疏漏问题。应用 BIM 技术，技术人员可以将设备与系统关联起来，并智能监控设备的运行情况，一旦发现设备中存在故障问题，能够立即对其进行处理，达到推动施工稳定运行的目的。

应用智能建造技术进行建筑工程运维，可以进行能耗管理。能耗管理的主要对象为数据采集、信息传输等部分，在系统中安装 BIM 技术，能够实时检测系统运行情况，并设置故障报警提示功能。例如，技术人员可以构建建筑工程施工的三维模型，在了解能耗情况之后，设计完善的能耗管理方法，达到施工运行监控的目的。在进行能耗管理时，为了能够进一步提高管理效率，需要合理划分管理空间，并按照类别进行设计监控体系。例如，管理人员可以利用 BIM 技术整理出各部分的能耗量，并制订完善的管理方案，使系统达到动态监控的目的。

智能运维与服务能够进行空间管理，智能运维服务能够对施工人员、施工设备等方面进行规划，并按照实际运行需求对空间进行分类，提高施工人员的成本意识。例如，为了能够了解建筑工程的运行情况，需要先按照施工类型进行空间分类，并在空间中安装 BIM 技术，达到可视化管理的目的，在这一过程中，管理人员能够在了解空间运行情况、施工成本等内容之后，优化投资回报率，规避建筑工程中存在的风险问题。由于建筑工程施工中存在大量的资源浪费问题，应用 BIM 技术，能够了解不同空间的资源应用情况，并提高控制管理力度，减少资源浪费现象，提高资源管理的规范性，发挥出空间管理的意义，推动建筑业稳定运行。

智能运维的优势主要体现在以下几个方面。

（1）智慧性　智慧性主要体现在信息和服务这两个方面。智慧性以信息作为支撑，每个工程项目都包含巨量的信息，需要有感知获取各类信息的能力、储存各类信息的数据库、高速分析数据能力、智慧处理数据能力等，而当具备信息条件后，通过技术手段及时为用户提供高度匹配、高质量的智慧服务。

（2）可持续性　智能建造完全切合可持续性发展的理念，将可持续性融入工程项目全生命周期的每一个环节中。采用信息技术手段，能够有效进行能耗控制、绿色生产、资源回收

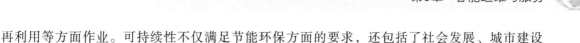

再利用等方面作业。可持续性不仅满足节能环保方面的要求，还包括了社会发展、城市建设等要求。

（3）便利性 智能建造以满足用户需求为主要目标，在工程项目建设过程中，需要为各专业参与者提供信息共享以及各类智慧服务，为各专业参与者提供便利、舒适的工作资源和环境，使得工程项目能够顺利完成，为业主方提供满意的建筑功能需求。

（4）集成性 集成性主要是指将各类信息化技术手段互补的技术集成以及将建设项目各个主体功能集成这两个方面。智能建造的技术支持涵盖了各类信息技术手段，而每种信息技术手段都有独特的功能，需要将每种技术手段联合在一起，实现高度集成化。

（5）协同性 通过运用物联网技术，将原本没有联系的个体与个体之间相互关联起来，彼此交错，构建智慧平台的神经网络，从而能够为不同的参与用户提供共享信息，增进不同用户之间的联系，能有效避免信息孤岛情况，达到协同工作的效果。

下面通过三个例子来说明智能运维的优点。

1）当用户或访客进入大楼时，通过刷卡、指纹、人脸或二维码等识别后，大楼所有的智能化设施，诸如通道闸控制系统、考勤系统、电梯控制系统、智能照明系统、暖通空调控制系统、窗帘控制系统、报警系统等均能识别用户或访客的身份，按照事先预定的策略自动为用户提供个性化服务，如自动呼叫电梯、夜间自动开灯、空调自动启动并设置成用户所需要的温度和湿度、报警系统自动撤防等。当用户离开大楼时，用户所在区域的局部能源系统会自动关闭、报警系统自动布防，实现精确控制和精细化服务。

2）车位调度系统会为被邀请的 VIP 访客自动分配车位，并事先通过短信告知 VIP 客户。当 VIP 访客车辆进入大楼被车牌识别后，停车场管理系统会自动为其分配停车位，并引导停车。VIP 客人进入大楼通道区域时，人脸识别系统会自动启动通道闸，并推送消息及相关资料给物业服务人员，以便快速恰当地提供优质服务。

3）会议室预订系统与企业 OA 系统完全整合。当会议室预约被批准后，会议牵头人就在其预定的时间内提前 10min（可以设定）自动获得门禁系统的授权，可以打开会议室的门，会议音视频设备自动处于待机状态，信息发布系统会将会议主题发布在相关的信息发布屏上。智能化设施自觉地为人服务。

■ 9.2 智能运维与服务国内外发展概况

9.2.1 智能运维与服务国外发展概况

1. 日本

日本智能建造系统发展迅速，原因主要是日本大企业对智能建造热情很高。据报道，为了提高工作效率，同时为了改善自身形象，日本许多大公司，特别是 NEC、松下、三井、东芝等大型电子公司纷纷建设自己的智能办公大楼。由于是自用大楼，所以建筑内的设备自动化和通信网络建设更具针对性，从而在大楼建设过程中就形成了楼宇自动化、办公室自动化和通信自动化，即智能建造的 3A 体系（BA、OA、CA）。建筑业流行的 3A 就是这样来的，日本最早的一批智能大楼也就是这样建起来的。

其他原因是日本政府的大力支持和积极推动。为了加速智能建造业的发展，日本政府制订了从智能设备、智能家庭到智能建造、智能城市的发展计划，还成立了日本国家智能建造专业委员会和日本智能建造研究会。日本在推进智能建造概念时，抓住用于住宅的总线技术为契机，提出了家庭总线系统概念。

日本的智能建造系统具有以下 4 个特点：

1）适应接收和发送信息，达到高效管理，确保在大厦工作的人感到舒适和方便。

2）进行物业管理，以期实现最小花费的最佳管理，在不同的生意模式中都能得到最快的经济回报。

3）以人为本，注重功能，兼顾未来发展与环境保护。

4）大量采用新材料、新技术，充分利用信息、网络、控制与人工智能技术，住宅技术现代化。因为日本的智能建造发展迅速和具有自己的特色，所以日本被认为是在智能建造领域进行全面的综合研究并提出有关理论和进行实践的最具代表性的国家之一。

2. 新加坡

新加坡是研发智能综合建筑系统（Smart Integrated Construction System，SICS）较早的国家。

新加坡政府与当地两所大学签署研发协议并投入资金，用于研发能改善传统工作流程并提高生产力的智能综合建筑系统，同时透过数据分析与行为研究，制订出更符合居民需求的住房解决方案。同时，新计划旨在提高能源效率，并把重点放在建筑物整体寿命的可持续性上，包括使用智能科技和减少碳足迹等。

9.2.2 智能运维与服务国内发展概况

智能运维在我国虽然起步较晚，但随着超高层大厦在国内如火如荼地进行建设，智能运维在我国得到了快速发展。超高层大厦在交付使用后会有上百年的寿命，从建设到交付后的运维，这么长的时间，站在智能化和智慧化的角度，应该如何做，如何让大厦健康运行几十年，甚至上百年，是每个大厦的建设者和使用者面临的重大问题。这个问题须使用有效的技术手段、有效的人员管理结构以及有效的方法才有可能顺利解决。

以中国尊项目为例。它地处北京市朝阳区 CBD 核心区 Z15 地块，为北京最高楼，地面高度为 528m，建筑面积为 43.7 万 m^2，其中地下建筑面积为 8.7 万 m^2，地上建筑面积为 35 万 m^2。项目分为 10 个功能段，覆盖甲级写字楼、会议、商业、观光，为北京市地标建筑。

该项目于 2013 年开始动工，2018 年 12 月 28 日初步接收，项目创造了 8 项世界之最和 15 项中国之最。中国尊智慧化系统建设包含 45 个专业，物联网系统实时监控数据超过百万条。智慧中国尊采用了 SAFTOP S6000 智慧建筑云平台和物联网技术，实现了建筑内各信息系统、网络系统、监控系统、管理系统间的互联互通和数据共享交换。平台通过建筑信息模型和建筑物运营及设施管理，将智能建造物内各智能化各应用系统通过模型有机地联系在一起，集成为一个相互关联、完整和协调的综合监控与管理大系统，使系统信息高度共享和合理分配，克服了以往因各应用系统独立操作的信息孤岛现象。SAFTOP S6000 智慧建筑云平台（SBS Cloud）将智能建造物内智能化各应用系统融合在统一的计算机网络平台和统一的人机界面内进行浏览、显示、操作，从而实现智能化各应用系统之间信息资源的共享和管理，各应用系统的互操作、快速响应与联动控制，并通过大数据分析，为建筑的节能、运维提供决策支撑。

■ 9.3 智能运维与服务的应用

9.3.1 智能运维与服务的主要应用背景

建筑业是我国国民经济的支柱产业，在国家建设中发挥了重要作用。近年来，建筑业快速发展，为我国的基础设施建设做出了重大贡献。"十三五"期间，建筑业对经济社会的发展起到了积极的作用。随着土木工程建设项目的增加，我国的基础设施得到了进一步的完善，城市和农村的面貌得到了极大的改善，城镇化快速推进，人们的居住和出行质量得到了提高。同时，一批重大工程项目，如港珠澳大桥、京张高速铁路、北京大兴机场等相继建成。这些建设条件复杂、设计施工难度大的工程项目的建造，促进了我国土木工程技术的突破，使我国的工程建造水平大幅提升。然而，建筑业在高速发展的同时，建筑运维与服务信息化水平低，传统运维与服务效率低下，服务落后，不适应新型建筑的运维服务要求，与时代发展脱钩。

目前，日本、德国、英国等发达国家都在利用新一代信息技术推动建筑产业变革。日本于 2015 年提出"建设工地生产力革命战略"，即以物联网、大数据、人工智能为支撑提高建筑工地的生产效率，计划到 2030 年实现建筑建造与三维数据全面结合。目前，日本清水建设公司研发了用于钢骨柱焊接、板材安装和建筑物料自动运送等的建筑机器人；日本小松公司于 2014 年研发推广了内置智能机器控制技术的智能挖掘机，依托智能决策平台实现了现场施工数据实时传输、分析、计算和对施工机械的智能指挥。

英国建筑业协会提出了建筑业数字化创新发展路线图：2020 年—2030 年，实现数字化集成，将业务流程、结构化数据以及预测性人工智能进行集成；2030 年—2040 年，将人工智能实际用于工程预测与评价，逐渐普及建筑机器人；2040 年后，人工智能将在工程建造中得到广泛应用，智能自适应材料和基础设施产品日益普及。

随着全球经济形势和我国经济环境的巨大变化，新常态下的人口红利逐渐消失，劳动成本不断升高。我国正在进行产业的新旧动能转换。根据十九大报告，我国经济已进入高质量发展阶段。"十四五"时期，随着国内国外经济形势的变化，经济增速的减缓不可逆转，建筑业传统的运维与服务将受到巨大的挑战，高质量、高效率、节能环保的智能运维与服务将成为建筑发展的必然趋势。

9.3.2 智能运维与服务的应用价值

1. 安全性

建筑运维最主要的是保证建筑安全，不但包括居民的人身安全，也包括居民的财产安全、精神安全等多方面需求。智能运维与服务，因新科技尤其是安全科技的大量应用，能够使城市建筑更具环保性，更具安全感。智能运维服务根据新型的人工智能、大数据等技术，进行大量的分析与计算，可以提供更加科学和安全的运维服务，大大增强建筑物的物理安全性。

2. 环保性

由于科技水平的提高，人们的生活质量得到了大幅度的提高，各种电器和设施的使用大大提升了人们的生活质量和舒适度。但这对能源尤其是电能的需求与日俱增，据不完全统计，建筑业的整体能耗约占总能耗的一半，这给本就不太宽裕的电能供应提出了严峻的课题，也给人们带来了现代建筑节能的考虑。智能运维与服务提倡绿色、节能、环保的理念，给传统建筑运维带来了建筑物节能问题的解决之道。智能运维与服务通过增加建筑物的智能控制体系，在增加居民整体生活舒适度的基础上，整体减少对电能的需求。它能够通过对小区的人流量监控，智能判定人们的出行和居家时间，同时根据天气和气候等的影响，对整栋楼和居民家的温度智能控制，以达到节能的目的。智能运维与服务正是因为有大量此类新技术的整合利用，通过对电器和产品的智能控制达到节能目的，彻底改变人工控制带来的浪费现象。

3. 多样性

随着新技术的应用人们的生活水平发生了翻天覆地的变化，人们也切实感受到了智慧服务、智慧生活的存在价值。现代技术的普遍推广应用，使得人们都可以无差别地分享应用新技术带来的成果，但是这也容易使不同城市发展"高度雷同"，使它们的发展模式和应用模式大都相似。智慧城市追求的是多样化和差异化，在人们享受到智慧城市模式的好处的同时，保持城市原有的独特性，能够对传统文化和地域特点进行保留和传承。智能运维可以根据不同的地域、人文等需求提供差异化的建筑运维服务。

思　考　题

1. 什么是智能运维与服务？

2. 智能运维与服务有哪几方面的应用？

3. 智能运维与服务的优点是什么？

4. 简述智能运维与服务的应用价值。

5. 简述当下智能运维与服务的应用背景？

第 10 章

智能建造与建筑工业化

导语

　　随着工业互联网平台在建筑领域的融合发展与应用，逐渐实现了装配式建筑业的"标准化、产业化、集成化、智能化"，助推建筑业高质量发展。本章首先介绍智能建造与建筑工业化的关系，智能建造在建造工业化中的应用；然后介绍预制构件的智能生产线以及智能运输与装配，施工设备智能化的相关特点以及目前遇到的相关问题；最后介绍建造智能与控制技术，提出相应的研究方法。

■ 10.1 智能建造与建筑工业化的关系

　　建筑工业化是指用现代化的制造、运输、安装和科学管理的生产方式，代替传统建筑业中分散、低水平、低效率的手工业生产方式。建筑工业化是随西方工业革命出现的概念，随着欧洲兴起的新建筑运动，实行工厂预制、现场机械装配，逐步形成了建筑工业化最初的理论雏形。二战后，西方国家急需解决大量的住房需求，但劳动力严重缺乏，这为推行建筑工业化提供了实践的基础。建筑工业化因工作效率高而在欧美风靡一时。建筑工业化的基本途径是建筑标准化、构配件生产工厂化、施工机械化和组织管理科学化，并逐步采用现代科学技术的新成果，以提高劳动生产率，加快建设速度，降低工程成本，提高工程质量。

　　智能建造是以现代信息技术为基础，以建造领域的数字化技术为支撑，实现建造过程一体化和协同化，并推动工程建造工业化、服务化和平台化变革的新型建造技术。智能建造的发展是充分应用 BIM、互联网+、物联网、大数据、区块链、人工智能、5G 移动通信、云计算及虚拟现实等信息技术与机器人等相关设备，通过人机交互、感知、决策、执行和反馈，尽可能地解放人力，从体力替代逐步发展到脑力增强，从而提高工程建造的生产力和效率，提升人的创造力和科学决策能力，为中国建造奠定坚实的工业化基础。

　　随着 BIM、大数据、人工智能等信息技术与建筑业深度融合，建筑智能化水平得到显著提升，构建了一个生态共同体，可以让更多行业上下游的应用者、从业者、管理者、开发者在数字建筑上产生更大价值。随着智能建造技术的加速推广，建筑业转型升级步伐加快，智能建造与建筑工业化深度融合拥有广阔的发展前景，并将产生巨大的行业价值。智能建造可以进一步推动建筑工业化，建筑工业化可以使智能建造技术进一步发展。智能建造技术与建筑工业化技术协同发展可以形成涵盖科研、设计、生产加工、施工装配、运营等全产业链融合一体的智能建造产业体系，引领建筑业转型升级，推进建筑业现代化。

■ 10.2 智能建造在建筑工业化中的应用

10.2.1 智能建造在建筑工业化中应用的问题

中国智能建造是逐步发展起来的，在 20 世纪 80 年代末—20 世纪 90 年代初，随着改革开放的深入，国民经济持续发展，综合国力不断增强，人们对工作和生活环境的要求也不断提高，安全、高效、舒适的工作环境和生活环境已成为人们的迫切需要；同时，科学技术飞速发展，特别是以微电子技术为基础的计算机技术、通信技术、控制技术的迅猛发展，为满足人们这些需要提供了技术基础。这一时期的智能建造主要是一些涉外的酒店和特殊需要的工业建筑，采用的技术和设备主要是从国外引进的。虽然它的普及程度不高，但是人们的热情是高涨的，得到设计单位、产品供应商以及业内专家的积极响应，可以说他们是智能建造的第一推动力。

目前智能建造在建造工业化中应用的问题如下：

1）理论研究跟不上智能建造的发展。尽管我国在"七五"期间就确定了"智能化办公大楼可行性研究"的攻关课题，但对智能建造的理论研究和相关科技产品的开发一直未能得到足够的重视和发展。该领域的专业学术刊物直到 1996 年才出现，而且很难见到符合我国国情的有深度的文章，专业理论著作较少，智能建造相关的全国统一标准规范不健全。没有先进而成熟的科学理论作指导，实践就没有明确的方向，就难免出现这样那样的问题，造成"智能大厦"不遂人愿的问题。

2）智能建造工程的规划、设计和施工队伍的技术能力不强。对大厦智能化的规划往往是开发商说了算，根据他们的要求提出的设计方案往往缺乏全面性和长远性，同时因为专业工程师匮乏，施工质量难以保证。原因是在没有很好的智能系统规划设计和技术、产品选择的情况下就盲目上马，管理和维护水平跟不上，事倍功半，浪费投资。

3）技术障碍。在整个智能建造领域仍然存在着一些技术上的缺陷，如网络频宽的限制：数据传输量迅速增加和多媒体的使用，要求有宽阔的通信空间；使用无线局域网络也要重新分配频率。在新网络科技如 ATM、Frame-relay 等问世后，通信空间的问题可获部分解决，但缺乏全面而完整的数据模型，各个建筑物自动化和应用系统之间仍然无法有效地交换数据。此外，数据安全性和无缝话音与数据通信之间还存在着矛盾，很多机构非常关注内部资讯系统的安全性，为了保护计算机和话音系统免被非法接达，把某建筑物隔离起来，导致无法使用更先进的通信工具。

目前，我国还没有开发出智能建造系统集成产品。占据国内智能建造市场的产品仍然属于国外的几家公司，如江森自控、IBM、朗讯科技和 Honeywell 等。没有自己的产品，就没有主动权，就很难使智能建造完全真正地适应我国国情。

10.2.2 智能建造在建筑工业化中应用的对策

1. 提高对建筑智能化的认识

智能建造这一名词虽已提出多年，但国内、国外至今无统一的定义。其重要原因是应用于智能建造中的诸多科技的内容和形式日新月异，技术标准也不断提高和翻新。正因为如此，致使高投资却造出了低智能的建筑。因此，需要澄清关于智能建造的一些模糊概念，提高认识，转变观念，把建筑智能化建设引入正确轨道。

智能建造的核心是"3A"，"3A"就是建筑设备自动化系统（BA），通信自动化系统（CA），办公自动化系统（OA）。智能化建筑就是通过综合布线系统将此 3 个系统进行有机的综合，使大楼各项设施的运转机制达到高效、合理和节能。在现阶段，有必要举办各类建筑智能化的技术交流活动，推广和普及建筑智能化的知识和技术，进一步提高全行业，特别是投资商的认识水平，增强智能化意识，否则就无法建设出适应信息时代要求的智能化建筑。

2. 建立高素质的智能建造设计、施工队伍

在对智能化建筑进行设计时，要根据建筑的实际情况来设计建筑方案，也要按照区域、位置和规模的不同来进行设计。设计师以及工程师、技术人员要进行协调、沟通，并且密切配合，从而设计出更加合理的建筑方案。

根据智能建造施工的复杂性，研究整个工程的统筹安排、管理体系，寻求科学合理的施工组织和方法。要按照建筑智能化产品技术的特点，结合建筑智能化的 4C 技术（Computer、Communication、Control、CRT）和智能化建设的要求，完成每一个阶段的施工工作，对人力、物力、财力等进行合理安排。同时，要提高工作人员的素质，并且对工作人员进行培训，只有提升了他们的专业能力，才能帮助他们了解智能化建设的流程，熟悉智能化操作，促进智能化建筑施工的进行。

在建筑施工中，施工工序是非常重要的一部分，要根据一定的工艺流程来安排施工，严格控制各个工序。在工程管理方面，要构建智能化的管理系统、监督系统，促使建筑智能化、管理达到信息化、先进化的程度。

施工结束之后，要重点对建筑物的智能控制系统进行检验，从而使建筑性能达到一定的要求，符合施工图的要求。

10.2.3　建筑施工智能化技术应用

建筑业是我国经济的支柱产业，拥有广阔的市场，2020 年约占我国 GDP 份额的 26%。建筑业整体虽然占比较大，但问题突出，如长期面临着资源浪费巨大、安全问题突出、环境污染严重、生产效益低下等问题。国家统计局《2019 年农民工监测调查报告》显示，农民工平均年龄为 40.8 岁，比前一年升高了 0.6 岁，其中，50 岁以上农民工所占比重已经超过 24.6%。这意味着，在工地干重活的年轻人减少。针对目前建筑业的痛点，建筑机器人成为一个不错的解题之道。大多数行业的发展往往会经历如下四个阶段：人工分散式的劳作阶段，自动化生产阶段，数字化生产阶段，智能化生产阶段。

为了更好地实现建筑机器人在建筑工地智能化的应用，我国在诸多核心零部件领域通过自主研发完成技术升级和突破，包括控制器、伺服器、驱动器、传感器等。在涉及底层开发框架和算法的软件层面则几乎是自主搭建的。此外，还构建起整个项目的 BIM 数字化应用系统，在项目工地上，运营着智慧工地指挥中心，通过 BIM 数字化手段对所有场景的施工进度和状态全程掌控。

目前已形成混凝土施工、混凝土修整、砌砖抹灰、内墙装饰等 12 个建筑机器人产品线，其中绝大多数机器人可同时适用于现浇混凝土建筑施工与装配式建筑施工。

卷扬式外墙乳胶漆喷涂机器人，通过自动喷涂作业，从根本上避免传统喷涂的人员高处坠落风险（见图 10-1），极大地降低了施工时的事故隐患，保障了施工人员的生命安全。

图 10-1　卷扬式外墙乳胶漆喷涂机器人现场作业

整平是混凝土浇筑的重要步骤，过去在混凝土布料作业之后，地面是很不平整的。针对这个工序的问题，通过设计地面整平机器人来进行施工（见图 10-2），保证最终成型地面的

图 10-2　地面整平机器人施工

水平平整度，误差控制在 3mm 之内。

　　智能随动式布料机用于高层住宅的混凝土浇筑，可根据指令精准到达指定位置布料。传统需要 3 人完成的布料作业，现在 1 人即可轻松完成，在降低成本的同时还降低了工人们的劳动强度。图 10-3 所示为智能随动式布料机与地面整平机器人联动作业。

图 10-3　智能随动式布料机与地面整平机器人联动作业

　　在安装电气消防系统时，要在节能和环保的基础上，提升智能化建筑的经济效益。在建筑机电安装工程中采用 BIM 技术，可保证建筑机电安装工程的质量，并且降低施工的成本。同时，要安装智能监控系统布线设计，智能监控系统中包括了信号控制部分、视频显示部分、视频记录部分。通过该系统，能随时监控施工的状况。此外，也可以安装巡查机器人，

它可以及时发现施工中的问题，及时进行视频导入，责令修正。最后还有自动化报警技术，其作用是防盗、防火灾、防安全事故。

■ 10.3 预制构件智能生产线

首先，智能装备是预制工厂实现智能化生产与管理的硬件支撑，生产装备的数字化是实现预制构件智能化生产的前提。以自动置模、精确布料、智能输送、智能养护等单元为关键节点的成套数字化装备，能有效支撑构件生产的自动化和柔性化制造。

其次，基础的预制工艺要从以人为本转向以环境为本。例如，脱模剂由"喷"到"喷涂"，混凝土由"浇注"到"浇筑"，表面由"刮平"到"搓平"，模具清理由"一鼓作气"到"各个击破"，蒸汽养护由"单一能源"到"综合能源"。

在信息平台与智能系统建设方面，通过预制工厂信息化系统云平台建立完整的系统构架，实现多种集成：

（1）企业间信息的集成 如"装建云"可实现6大行业管理类系统和6大产业链企业系统的集成。

（2）过程信息的集成 通过物质流过程信息库、构件全过程视图信息库、可视化管理等，提升设计、生产、施工、运维等协同工作效率。

（3）信息集成 如构件工艺和列表、构件工艺文件、NC 代码自动生成、管理手册电子化等，并将工艺规划、手册数据、模具数据、决策规则、资源数据等集成使用。

（4）智能化 体现在可形成设备监控信息看板、生产质量看板、生产进度看板、生产数据统一看板、统一的堆场规划与管理、出入库流程管理等。

预制件生产线自动化程度高，整条生产线除了对设备的开机停机、基本的摇杆控制及日常维护之外，几乎不需要人工操作。它的生产效率高、运行成本低、产量大，预制件的成品强度高、质量好，符合国家高速标段用料要求，预制件生产线的设备配置主要依据预制件的用途来确定，可单独定制功能。

总而言之，要完成从"制造"到"智造"的转变，应从以下四个方面努力：提升预制装备的数字化水平；实现构件生产的信息化、自动化；实现构件生产与 BIM 技术的无缝对接；进行预制构件全生命周期管理。

■ 10.4 智能运输与装配

装配式建筑的特点为建造速度快、施工中成本低廉。组成它的装配式构件不仅能够大规模成批量生产，而且板式多样，适用于各种场合，如装配式楼板、装配式阳台等，但是这些构件的运输需要特别注意，因为构件的运输对于装配式施工至关重要，运输过程中如何保证预制构件的安全与可靠更是重中之重，所以提出装配式智能运输这个概念，旨在解决装配式构件运输的难题。

10.4.1 装配式建筑智能运输的意义

1）装配式构件从工厂到工地，在这期间构件可能会受到各种影响，如运输的驾驶人自身经验，交通事故、天气等客观因素的影响。按照施工进度的不同，需要用到不同的构件，在这期间需要精确的信息和及时的运输来避免延误，因此装配式建筑智能运输就显得尤为重要。运用大数据平台和工地互通，能够做到及时、准确，尽可能地消除各种不利影响，提高工程的效率。

2）传统的装配式建筑运输的效率和水平不高，建立健全的装配式建筑智能运输系统具有重大意义。它让工地施工更加快速，让人工操作步骤更简单快捷，使人工操作失误变得更少，例如在装卸预制构件时，由人工操作可能会对构件造成不必要的损坏。不断地调整和适应现代化工地工程需求，使得运输更加智能化，使装配式建筑构件更加广泛地得到使用。

3）建立健全装配式建筑构件一体化网络，有助于装配式建筑安全系数的提高，能够减少运输过程中的事故，通过网络进行点对点的细致化工作，使得装配式建筑构件运输得到了保证，让施工安装工作顺利完成，减少了构件运输中因外部和内部因素造成的损失，让人身安全和经济财产得到保证，从而使装配式建筑更加安全。

10.4.2 装配式构件智能运输系统会出现的问题分析

1. 装配式构件运输准备不充分

在装配式构件运输前没有制订有效的运输方案，设计运输的构件没有主动报备，没有确定制订运输的线路是否符合行车标准，没有确定构件强度是否达标等。若准备得不充分，则可很大程度上阻碍了装配式建筑构件的运输，使装配式构件不能在指定时间到达目的地，安全和效率也得不到保证，严重时可造成工期拖延。

2. 装配式构件与运输系统还不够完善

装配式构件在运输过程中可能会受到各种外界因素的影响从而影响构件的质量安全，导致施工进度放缓。例如，交通事故、天气等客观因素的影响，使得装配式构件不能按计划到达指定的工作场所。从长远来看，装配式构件运输体系得不到长远的发展，不利于建立健全装配式构件运输体系。

3. 装配式构件运输上下货物的效率过低

在装配式构件运输时没有统计相应数据，降低了装配式构件运输的效率；没有及时的数

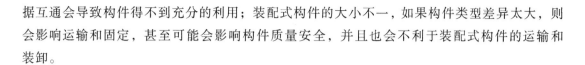

据互通会导致构件得不到充分的利用；装配式构件的大小不一，如果构件类型差异太大，则会影响运输和固定，甚至可能会影响构件质量安全，并且也会不利于装配式构件的运输和装卸。

4. 装配式构件运输道路环境较差

由于道路环境恶劣、路面崎岖造成车辆颠簸可导致构件损坏，构件损坏将严重影响装配式建筑的施工效率。怎么样才能用最少的时间，最有效率地运送构件是一个难题。

10.4.3 装配式构件智能运输中问题的应对策略

1. 建立健全装配式构件运输体系

建立健全装配式构件的运输体系，使得装配式构件运输体系化，做好运输准备工作，规划运输的时间和地点，以及构件的大小等。统一运输流程，严格按照运输的操作规范，确保构件的强度，提前做好预备工作，并且应该主动向有关部门咨询相关信息，如运输线路的检查、运输当天的天气状况、运输前的路况勘察等。如果出现道路施工，可以选择更优的道路进行运输；如果出现暴雨、大雪等恶劣天气，可以更改运输时间。同时，要确保构件运输的安全，运输中过桥时一定要保证最大车辆质量不超过规定的上限，确保运输线路中路基稳定，对构件最薄弱处进行初步运输试验，确保构件安全完整。

2. 处理好装配式构件运输中各方面的关系

首先，要选择合适的驾驶人，而且最好有运输经验。运输经验是指对装配式构件有一定了解，保证运输过程中构件不出现损坏。其次，要协调好外部因素和内部因素。外部因素是指运输的天气、运输路况等。内部因素是指构件的质量强度、从装到卸载的过程，如果不能有效地沟通和配合将会损坏构件。再次，要研究施工现场到出发地点与事故地点的关系。出发的地点不一定是生产构件的地点，可以为了提高运输效率建一个仓库进行储存，同时施工现场也不一定是目的地，施工现场内部也可以多次运输、周转。让事故的高概率地点尽量发生在出发点或目的地，以便采取补救措施。最后，要搞清运输应急与平时周期性运输的关系，可以提前制订构件运输的应急方案。

3. 变更装配式构件的装卸

根据相应施工情况选择最优制作施工方案：由构件的通用性、大小、形状几方面来进行设计制作。构件应符合相应规定技术要求：对钢筋混凝土屋架和钢筋混凝土柱子等构件，以运输场地为模板，验算各种装配式构件在最不利截面的抗裂度，防止出现质量问题，如出现裂缝、感官质量等其他问题。目前，德国朗格多夫预制构件运输车具有特殊的悬挂液压系统和安全装载设计，单人操作，可在几分钟内实现装卸，不需起重机，无须等待，对货物无损伤，可大大提高物流效率。

4. 改善构件运输时的道路情况

应提前规划好相应的运输道路，并尽可能地避免外界因素的干扰。装配式构件运输时应选择平坦宽阔的道路。当道路环境过于恶劣，且不易更改路线时，可先修复道路平面，使路面满足运输要求，或者更换路线并向有关部门反应。必要时，可事先在现场确定道路具体情况，之后再运输，保证构件运输质量和效率。

■ 10.5 施工设备智能化

智能化设备的安装涉及多项工程内容，横跨多门学科，它的安装特点也较为显著，主要有安装涉及的领域广泛，安装的工期较短、任务重，安装所需要的施工技术含量高三个方面。施工设备智能化以智能化机电设备为基础，结合计算机技术等软件资源，深度优化施工过程，提高建筑服务水平，满足用户对建筑的综合性要求。施工设备智能化高度践行以人为本的理念，注重工人工作环境舒适度的提高，也是契合用户更高层次需求的必然路径。

10.5.1 智能化设备的安装特点

1. 安装涉及领域广泛

智能化设备的安装不局限于一项工程或者一个学科的知识要点，而是包含计算机工程、报警工程、通信工程、会议系统工程、视频工程等多项工程。由此来看，智能化安装工程分支众多，包含和囊括的技术要点以及领域层面是十分广阔的，这使得工程在具体落实上有着更为严苛的要求。

2. 工期短、任务重

智能化设备的安装工期一般会被压缩，目的就是最大限度地节省成本投入。建筑安装的工期涉及人力、财力以及物力投入的时间，工期越长，施工单位投入的成本越大，使整个建筑企业的经济效益受到影响。建筑企业在缩短工期的同时，应重视一个问题，那就是安装任务繁重。智能化设备的安装充满挑战性和难度，如果一味从缩减成本的角度出发，在工期被压缩的情况下施工团队的工作热情以及工作效率也会大打折扣。工期短、任务重是当前智能化设备建筑工程安装面临的一大现实困境。

3. 安装所需要的施工技术含量高

智能化设备由于它的特殊性，横跨多个学科，涉及多项工程领域，所以它的施工技术含

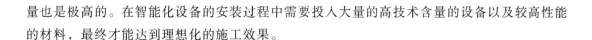

量也是极高的。在智能化设备的安装过程中需要投入大量的高技术含量的设备以及较高性能的材料,最终才能达到理想化的施工效果。

10.5.2 智能化设备在建筑安装施工中面临的问题分析

智能化设备是当前建筑安装施工中的重要组成部分。接下来从三个主要问题入手来了解我国智能化设备在建筑安装施工中面临的问题。

1. 建筑施工人员整体综合素质水平不高的问题

在智能化设备的建筑安装环节,绝不能忽视施工人员这一重要的主导群体,因为施工人员是决定工程质量的关键因素。当前很多施工团队的工人水平不高,缺乏相关的技术能力以及知识储备,在现场施工环节中面对问题常常束手无策。此外,由于智能化设备安装在我国起步较晚,工人在技术学习和技术应用方面的知识和经验不足,并且大部分施工人员缺乏学习意识,往往只是凭借过去的经验做事。但需要明确的是,时代在发展,传统的经验已经难以运用于当前的智能化设备安装环节。除此之外,规范性缺乏、安全施工意识缺乏也是其综合素质水平不高的表现。

2. 建筑智能化设备安装质量观感问题

随着经济水平的提高,建筑物要满足的要求不仅是遮风避雨那么简单,还被赋予了更多的建筑要求。在日常的建筑施工中,由于建筑规格不同,在具体的智能设备安装环节会有所差别,但并不是建筑规格越高,建筑质量就越高。举个例子,一些高档的写字楼内还存在监控设备布置凌乱、线路和接头处事故隐患高的问题。这不仅影响了人们的视觉观感,还带来了一定的事故隐患。

3. 施工管理缺乏问题

大部分的施工团队的管理模式和方式还是停留在过去,或者或多或少受到传统的管理思维的局限。思维意识与时代脱轨,管理缺乏科学性,使得工程施工的成本上升,一些不必要的人工投入更是损害了企业的经济利益。此外,施工管理制度并没有得到有效落实,成为一种摆设。更严重的是,因为缺乏安全生产责任制,一些安全问题频频发生,不仅损害了企业的声誉,更给相关人员带来了严重的生命、财产安全损害。

■ 10.6 建造智能与控制技术

计算机技术、互联网技术以及信息技术的快速发展,推动了智能建造的不断进步。有效结合控制技术、施工技术以及其他相关技术,可提高智能建造系统的安全性和稳定性。智能建造控制过程涉及很多系统，有设备自动化系统、办公自动化系统、通信自动化系统等，为了促进智能建造更好地发展，需要不断完善各项智能控制系统。智能建造在发展中，会受到很多因素的影响，主要包括以下两个方面：

1）智能控制技术不够完善，造成智能系统中有很多缺陷。智能建造中利用的楼宇自动化系统，只能进行顺序逻辑判断，没有办法实现主动学习和自主判断。楼宇自动化系统的这些缺陷在很大程度地增加了员工的工作量，一旦改变建筑内部的数据，就需要员工修改各个参考数据。此外，这还会提高系统发生故障的概率，增大系统维护的难度。

2）智能建造中的主系统和子系统之间的运行控制工作是分别进行的，这就造成两个系统互相脱节，大大降低了智能建造控制系统的综合利用效果，以及各个系统之间的互相合作协调能力。

10.6.1 智能控制技术的代表性方法

智能控制技术主要包括专家控制方法、模糊控制方法以及神经网络控制方法三种方法。

专家控制方法的工作原理主要是分析并总结专家的丰富经验和技术，对它进行效仿，从而实现控制。这种方法的主要优点在于它的灵活性很好，一旦控制对象或控制环境发生改变，就能够通过调整控制器的各项参数来适应新的状况，即便偏差比较大，系统也可以安全、稳定地工作。

模糊控制方法的工作原理主要是把机器人当作载体，模拟人的行为来实现控制。这种方法的主要优点在于它对数据的精确度要求不高，可以根据经验总结数据规律，建立模糊的数学模型，并按照这个数学模型来有效控制非线性系统。

神经网络控制方法的工作原理主要是模拟人的大脑中的神经元传递信息的过程，利用连接的权值来学习、校正，从而实现控制。这种方法的主要优点在于它的神经元之间的连接非常广，传播途径非常多，即使损坏一些单元，也不会影响整体的功能。

10.6.2 基于智能控制技术的智能建造研究

1. 智能建造中的电梯群控制

我国建设用地面积非常有限，建筑逐渐向高层发展，电梯成了高层建筑不可缺少的交通工具。高层建筑能够容纳很多人，为了更好地满足人们的日常使用，通常需要安装多部电梯，这些电梯就组成了电梯群。在电梯群中应用智能控制技术，可以有效控制电梯群，从而加快客流的转移速度。在具体应用中，可以把模糊控制方法和神经网络控制方法科学合理地结合在一起，两者相互弥补，可以发挥出最大的作用。通过模糊控制方法来建立模糊数学模型，可有效识别模糊信息，在控制对象或控制环境变化时，再利用神经网络控制方法的优势进行自主学习，实现自动完善功能。调度电梯时，要先准确识别交通模式，通过控制系统的

计算分析,实现对电梯的高效调度,这样不仅减少了用户的等待时间,还能够节约能源。

2. 智能建造中的照明控制

智能建造中的照明控制占有重要地位,照明的质量关系到用户的正常生活质量。现阶段,建筑业通常利用智能照明控制系统。智能照明控制系统主要包括点控制、区域控制以及网络控制三种类型。点控制是利用导线和开关直接控制某一盏灯。区域控制是将一定区域划定为控制范围,根据这个区域对照明的具体要求来控制灯具。网络控制是利用一个控制中心,以联网形式统一控制各个小区域内的全部灯具。这种系统有效结合了网络通信技术、计算机技术、数据库技术、自动控制技术以及神经网络技术等,利用系统可以收集建筑里的所有信息,在分析、处理完信息后,再传输出去,这样可以实现各个用户的用电需求。智能照明控制系统的主要特征就是在信息交换过程中必须以网络作为支撑,来实现大面积的控制。控制的信息可以用图形的形式反映出来,若要改变照明效果,可以根据实际需要进行编程,控制起来非常便捷。

3. 智能建造中的空调控制

随着全球气候变暖,人们使用空调的频率越来越高,在居民建筑用电总量上,空调用电量约占一半。为了有效减少空调的耗电量,研究人员不断地改进、完善智能空调控制系统,最常见的有变风量空调。变风量空调有一定的缺陷,在控制过程中会产生很大的噪声,而且不能准确控制,还容易出现气流不足的问题。所以,在设计变风量空调时,必须精确设计各个控制环节,设计时要科学合理地结合前馈控制和反馈控制,调节和反馈调节系统规定的风量,有效控制气流。针对复杂环境,可以利用神经网络控制技术进行处理。

思 考 题

1. 简述智能建造与建筑工业化的关系。
2. 简述智能建造在建筑工业化中的应用。
3. 简述智能化设备安装的特点。
4. 智能运输的优势是什么?
5. 智能控制技术主要有哪几种方法?
6. 智能化设备在安装过程中面临的难题是什么?

第 11 章

智能建造的发展趋势

导语

　　智能建造是信息化、智能化与工程建造过程高度融合的创新建造方式，智能建造技术包括 BIM 技术、物联网技术、3D 打印技术、人工智能技术等。智能建造的本质是基于物理信息技术实现智能工地，并结合设计和管理实现动态配置，从而对施工方式进行改造和升级的生产方式。智能建造技术的产生使各相关技术之间急速融合发展，应用在建筑业中，使设计、生产、施工、管理等环节更加信息化、智能化，智能建造正引领新一轮的建造业革命。本章将从智能建造驱动产业模式变革以及智能建造的发展前景两大部分来分别阐述智能建造的发展趋势。

■ 11.1　智能建造驱动产业模式变革

　　住房和城乡建设部、国家发展和改革委、科技部等 13 部门在 2020 年 7 月联合印发了《关于推动智能建造与建筑工业化协同发展的指导意见》，对建筑业的智能建造发展提出了具体的意见。如何让建筑业顺应时代发展的潮流，以人工智能为代表的新一代信息技术与工程建造深度融合，是目前建筑业发展的趋势。

　　智能建造将推动建筑产业变革升级，传统建筑业将在智能建造影响下发生的一系列转变，包括建筑产品向数字化转变、建造模式向工业化转变、经营理念向服务化转变、市场形态向平台化转变、行业管理向治理现代化转变。

11.1.1　产品形态

　　数字化首先是设计的数字化。例如，北京大兴国际机场的设计造型采用了大量的曲面，只靠设计师去画是很难完成的。某种意义上讲，该设计是计算机算出来的。不仅要设计数字化，而且施工过程也应该数字化。施工数字化的前提是建筑工业化。新型建筑工业化特征是信息技术与工业化深度融合、智能技术与专业化深度融合。目前，推动新型建筑工业化发展，要建立完善的工业化建筑设计、施工标准化技术体系，研制关键技术标准。发展新型建筑工业化，要实现基于柔性生产线的工厂化生产、基于数字化的机械化装配施工。但目前建筑业工厂化生产特征还不明显，没有形成多品种流水线生产，应当建立部品部件柔性生产线，特别是智能化柔性生产线。通过智能物流把部品部件运到施工现场，现场施工实现数字化、机械化，改善施工环境、提高建设效率。

11.1.2 建造方式

建筑工程施工现场的具体管理内容主要包括施工现场的生产、人员安全、施工技术、质量管理等。在具体工程的管理中，既要满足工程建设的工期要求，又要符合工程建设的成本要求；既要考虑工程进度，又要充分保证工程建设安全。在同一场景下，既要对施工人员进行有效管理，又需要控制施工材料的质量。同时，建筑业的特点是产品位置固定，但建筑物形状不规则、建筑施工过程变化大。在施工过程中，施工条件相对较差，建筑业为劳动密集型行业，在建项目施工现场中，工作人员数量较多，且专业化程度不足，因此事故预防较为困难。在施工现场，传统的安全管理方式主要是现场观察和作业人员报表等。这些方法存在容易干扰工程进度、采集的数据准确性不高、成本高、数据难以实时更新等问题，且难以兼顾环保等其他方面。

在全球科技进步的潮流下，建筑业作为支柱产业，必须坚持科技创新，将工业化、数字化、智能化作为未来产业发展转型的主攻方向。计算机视觉、物联网等新一代信息技术的发展不仅可以促进社会发展，还给建设项目的管理带来无限可能性，建设智能化施工现场已成为解决施工现场管理问题的有效措施。未来，计算机视觉、物联网等将取代现场管理人员。在建筑业中应用计算机视觉和物联网等新一代信息技术，主要有以下两大作用：一是代替管理人员的眼睛和大脑，做到现场数据实时采集；二是利用计算机视觉实现实时检测工人的体力、脑力强度，以减轻现场的安全责任事故。

利用计算机视觉和物联网等技术打造智慧工地，主要是要通过人工智能实时获取现场人机活动信息，利用无线传输方式将施工现场的数据传送至后台，助推项目管理决策高效、便捷。如果施工现场全覆盖摄像头，那么借助物联网、智能穿戴设备和计算机即可实现智能化管理，即通过摄像头可以自动跟踪现场工人，一旦出现没戴安全帽、在施工现场抽烟等不安全行为时就可以实时发现。

随着工业4.0时代的到来，一场基于互联网大数据、人工智能驱动，实际上是跨界融合、集成创新、前所未有的革命将给建筑业带来巨大改变。因此，物联网、计算机视觉等新一代信息技术应用于施工现场将成为未来的普遍现象。智能建造是未来发展的方向之一，因此，要在广泛借鉴先进经验和做法的基础上提高认识，结合社会进步与行业发展需求提高智能建造水平。

11.1.3 经营理念

转变为服务化的经营理念是经济发展的客观规律。服务经济以服务为导向，除了关注产品的功能、质量以外，还要特别关注用户对产品的体验，为用户提供"产品+服务"。这种服务的资源主要是知识，因此是一种绿色资源，这是服务经济的一个很大特点。

现在发达国家的服务经济一般占 GDP 的 70% 以上，我国还不到 55%，还有较大的发展空间。具体到建设行业，应该从以下两方面发展服务经济：一个是建造过程的专业化服务，另一个是产品使用过程中的服务。这实际上是拉长了建筑产品的产业链。今后，施工单位提供的不仅是单一的建筑产品，还带有一些服务功能，如建筑节能管理服务（在建筑物里面装传感器，通过优化能够找到一种最佳的能源管理方式）、智能健康建筑等。

建筑业如何做好服务，有以下两个关键点：第一个关键点是"建筑产品+服务"，它的基础是要有一个高质量、高品质的建筑产品，在这之上提供附加服务，提高建筑产品的价值。第二个关键点是从"互联网+"到"AI+"，有数据的积累，可以通过人工智能算法，提供智能服务，这是建设行业服务化的发展趋势。

11.1.4 市场形态

市场形态的平台化是目前智能建造的发展趋势。平台经济已成为世界经济增长的新引擎。今年，世界 500 强企业中排在前 10 的一共有 8 家平台企业，而 10 年前只有两家，这就是一个发展的趋势。一个平台的价值取决于在这个平台上"黏"住客户的数量，通过搭建平台，使得产品的供给者与产品的需求者减少很多中间的环节，使得交易的效率更高、交易的成本越低，受益就更大，所以说这种平台是今后发展的一个趋势。

新形势下，工程建设企业也应该要搭建平台，并应当做好以下战略决策：

1）选择好商业模式。企业在变革过程中究竟是选择 2B、2C 模式，还是搭建平台，要认真考虑。要根据企业的自身优势，不要盲目地去使用或者追求高新技术，要选好商业模式。

2）要从转变建造方式中发展新业态。建筑业转型升级是首位，信息化、智能化等技术要服务于转型升级，信息技术、智能技术固然重要，但建筑业转型升级，走新型工业信息化道路更加重要，要加强智能建造与工业化协同发展，行业企业应当在转型中找到并提升新的核心竞争力。

3）技术成熟度高的产品更容易实现价值。企业必须明白不是技术越先进的产品越容易实现价值，反而是技术越成熟的产品越能够实现价值。技术成熟能够稳定产品的质量，同时能够使成本更低，但技术走向成熟有一个过程，需要提前进行技术储备。什么时候将成熟的技术投向市场，需要把握时机，才能够实现价值。

4）要注重社会伦理。有了智能化以后，很多服务都是由算法来决定的，算法决定价格和服务方式。这就要求作为提供服务的企业家、专业的技术人员，一定要做到有情怀。技术虽然重要，但文化理念往往在某种程度上比技术更重要。

■ 11.2 智能建造的发展前景

目前，全球的建造业发展均呈现智能化、信息化、工业化态势，数字化的发展模式是各国重点研究的内容。在建筑业应用智能建造技术势在必行，这将会促进国内建筑业的升级转型。智能建造技术将在建设工程全生命周期中起到至关重要的作用。

11.2.1 人机协作

数字建筑学发展至21世纪，人们已经能够认识到建筑学学科的转型并非简单地等同于建筑师、物质、数据与机器人建造之间的角色对立及信息交换，数字建筑学正在走向多维度的物质与数字相互映射的复杂关系，从单向链式的设计流程走向实时互动的全生命周期管控。而当下数字化设计所处的阶段中看似对立的状态在未来却有着高度融合的可能性，这种可能性是以"赛博格"主体提倡的人机协作与"信息物"客体展现的数字孪生观二者并行前进为前提与支撑的。机器曾经在建造中短暂地代替人工，但是人在这一过程中应当扮演着更重要的角色。设计师的大脑是赋予机器人智慧的关键，此次转向中应当关注人类如何更直接地参与到机器人建造的控制和决策中。

数字孪生与人机协作的并行发展与相互交融，是改变数字建筑学思考及建造的基础。马里奥·卡波指出，设计师与机器思维、机器学习的互动已经有一段时间了，它们现在所创造的物质形式已经达到了一种不可思议的复杂性，表现出一种人工智能的新形态。它超越了现代科学的传统，与人们的逻辑思维格格不入。机器的逻辑及数字建造的能力，对人的思维模式与手工生产方式进行全面的模拟、延伸与扩展，数字孪生将打破物质形态的边界，人机协作将拓宽建造领域，而二者的并行可以协助建筑师设计并建造出突破人类想象与建造能力的作品。

近年间，在传统数字化软件与工具的发展基础上，一些新兴的功能使得建筑师与建造者的角色再次交融，并允许一种新的工作模式大规模推行。物联网的出现使得机器能够支持新的智能服务，并引入与物理对象交互的全新方式；纳入了增强现实与全息体验等强大元素后，人与机器的关系也迈入了一个新的技术阶段。物质与数字间的无缝连接正在成为现实，空间距离被消除，建造的实时协作与在场体验蓬勃发展。

从数字到形式，再到建造的一体化流程中，人机协作的模式可以处理其中的转译过程。一般来说，虚拟三维模型的数字设计与数字建造之间存在衔接的缺失，多数项目仍旧以图样交付指导施工，而人机协作在建筑全生命周期内能够成为计算化设计与数字化建造的连接核心，同时指导设计与建造。

2018 年威尼斯建筑双年展中国馆"云市"的建造试验，正是基于数据流的设计与建造一体化的操作流程。"云市"结合了结构性能分析技术与改性塑料 3D 空间打印路径优化流程，将工厂预制化生产与现场装配结合，提出了一种基于新型材料的人机协作与数字孪生智能化生产模式。前期的设计造型通过编码转化，能够在虚拟的数字环境中对真实的加工过程进行精准模拟。在工厂进行 3D 打印构件的同时，能实时得到机械臂的反馈，提高打印精度。"云市"的建造技术与工艺带来的表现效果及它的未来的可能性，印证了人机协作对整个工作流程的重要性。

人机协作所带来的不仅是信息共享，还有时间与空间上、虚拟与现实间的无缝协同，这也是一种双向进化的过程。智能建造正是一个拥有众多对象，需要多种数字联系与物质协同的产业。它包含数字化、智能化与实际建造等模块，而人机协作渗透在智能建造的方方面面，是智能建造服务的载体，故它所包含的设计、制造与服务，都需要人机协作的参与。

以一个数字化设计与智能建造实践的项目为例，上海西岸人工智能峰会 B 馆的三角庭院，它的网壳屋顶的数字模型基于结构性能化找型（见图 11-1）。2000 m² 空间异形双曲面网壳屋顶的预制加工与现场装配只花费了两个月的时间，数字工业化生产快速并精确地实现了差异木梁与木垫片的全自动化加工，钢桁架、钢梁系统和异形钢柱的加工与焊接也在工厂预制完成。现场装配与建造过程配合定位基准网格，实现了数字化到在场的复杂双曲面网壳的安装调整与精确建造。

图 11-1　上海西岸人工智能峰会 B 馆

作为从数字化设计到实际建造的重要手段，同济大学数字设计研究中心（DDRC）于 2012 年开启了建筑机器人实验室建设，并于 2013 年建成亚洲首台 14 轴建筑机器人建造实验室平台；2014 年，苏黎世联邦理工学院（ETH）成立瑞士国家竞争力研究中心；2015 年 11 月，同济大学数字设计研究中心与上海创盟国际建成全球首台龙门式 18 轴双机器人预制化建造平台；2016 年 6 月，法比奥·格拉马齐奥与马提亚斯·科勒在苏黎世联邦理工学院建成机器人建造实验室。2012—2017 年，一造科技（深圳）有限公司联合同济大学数字设计研究中心研发了三代现场施工机器人。机器人从实验室走向现场建造意味着传统的二维图样被数据模型所取代，而施工装备集成使数字化建造技术走出实验室，迎接工地中多种不确定因素的挑战。

现在的机器人已不同以往，不再是功能单一的机械，不似铣削机只负责平面铣削，六轴机械臂可以精确地完成空间中复杂的运动轨迹，甚至超越人类所能企及的活动范围。而这只需配置不同的机械工具头，一台机器便能实现多种建造功能。机械臂如何创造奇迹取决于设计师的大脑，而设计师的想象力依赖机械臂的运动和定位能力来实现，这就是人机协作的魅力所在。

类似于计算机软件，建筑机器人为建筑建造提供了一个高度精确与开放自由度的工具平台。人机协作不仅可以无缝转译从设计到建造的一体化流程，还可以设计建造体系本身。在机器人木缝纫项目中（见图11-2），先以一组螺栓将薄木板固定，然后机器人能够通过图像识别的技术定位螺栓位置，并传输给计算机。计算机在螺栓定义的边框内生成机器人的缝合路径并实时传回，指导机器人完成缝合作业。

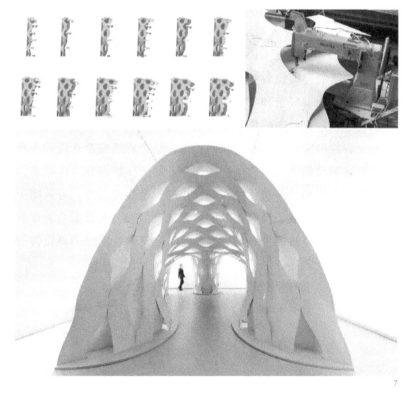

图 11-2　机器人木缝纫

在人机协作时代建造被重新纳入建筑师的职责与掌控范围。这也是对建筑师与包工头分置的职业特征的挑战。随着参数化的设计流程的建立，从几何参数化、性能参数化到建造参数化的打通，建筑的生产分工与设计职责正在面临重新定义。当建筑师可以直接无缝衔接生产工艺与流程，提升的不仅是生产效率，更重要的是未来的建筑形式与建筑产业格局。

同时，人机共生下的全新工作模式可以被归结为：一体化、体外化和虚拟化/物质化的数字孪生。一体化的首要特征是人的思维与机器运算思维的打通，其次是设计与建造的打通。这一切都是建立在建筑设计方法从几何参数化、性能参数化到建造参数化的一体化联动基础之上的。体外化是对待人体与机器的基本态度。机器不应当被视为人在思维和身体上的延伸，而是独立于人体，有着与人类不同的能力与思考方式，因此它们应该作为"合作同伴"（Partnership）参与到设计过程中。机器的目的并非主导设计，而是在预设条件下增强人的能力。虚拟化/物质化的数字孪生是人机协作成果获得直接体现的重要原因，无论是可视化、参数化找型还是性能化模拟，都在追求虚拟空间中的数字信息与物理空间中的实体事物之间精确的映射关系，也是将可视化信息转化为实体建造的关键，这种共生关系为形式的生成、材料的分布带来了新的可能。

11.2.2 高端装备

在互联网高度发达的 21 世纪，高端智能可穿戴设备是在可穿戴设备和技术的基础上发展而来的，它利用 RFID、传感器、GPS 等信息传感设备，接入移动互联网，实现物与人的信息交流。目前，高端智能穿戴设备是各大科技公司研究的热点，应用领域主要涉及医疗、军事、工业等重要领域。随着经济和技术的高速发展，各种可穿戴设备层出不穷，高端智能可穿戴设备的智能化、自动化、方便快捷等为建筑施工人员的工作和安全管理提供了基础。如今，人们有着基于智能可穿戴技术和物联网技术，结合建筑安全管理和作业者安全管理特点，采用高端智能可穿戴设备来监测施工现场作业者的工作状态和身体状态，建立以智能手环等为基础的监测及预警框架，改善传统施工操作的安全管理系统，有效减少人的不安全状态及其引发的建筑施工安全事故，同时及时的预警系统为提高人员安全管理争取更多的事前预防时间和机会。此外，还有智能外骨骼、穿戴式安全气囊、辅助弹跳设备等，可以辅助工人进行施工，提高工人工作效率、保障工人施工安全（见图 11-3）。

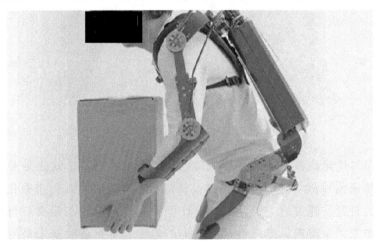

图 11-3 智能穿戴式外骨骼设备

11.2.3 产业升级

到 2025 年，我国智能建造与建筑工业化协同发展的政策体系和产业体系基本建立，建筑工业化、数字化、智能化水平显著提高，建筑业互联网平台初步建立，产业基础、技术装备、科技创新能力以及建筑安全质量水平全面提升，劳动生产效率明显提高，能源资源消耗及污染排放大幅下降，环境保护效应显著。推动形成一批智能建造龙头企业，引领并带动广大中小企业向智能建造转型升级，打造"中国建造"升级版。

到 2035 年，我国智能建造与建筑工业化协同发展将取得显著进展，企业创新能力大幅提升，产业整体优势明显增强，"中国建造"核心竞争力世界领先，建筑工业化全面实现，迈入智能建造世界强国行列。

（1）加快建筑工业化升级 大力发展装配式建筑，推动建立以标准部品为基础的专业化、规模化、信息化生产体系。加快推动新一代信息技术与建筑工业化技术协同发展，在建造全过程加大建筑信息模型、互联网、物联网、大数据、云计算、移动通信、人工智能、区块链等新技术的集成与创新应用。

（2）加强技术创新 加强技术攻关，推动智能建造和建筑工业化基础共性技术和关键核心技术研发、转移扩散和商业化应用，加快突破部品部件现代工艺制造、智能控制和优化、新型传感感知、工程质量检测监测、数据采集与分析、故障诊断与维护、专用软件等一批核心技术。

（3）提升信息化水平 推进数字化设计体系建设，统筹建筑结构、机电设备、部品部件、装配施工、装饰装修，推行一体化集成设计。积极应用自主可控的 BIM 技术，加快构建数字设计基础平台和集成系统，实现设计、工艺、制造协同。

（4）培育产业体系 探索适用于智能建造与建筑工业化协同发展的新型组织方式、流程和管理模式。加快培育具有智能建造系统解决方案能力的工程总承包企业，统筹建造活动全产业链，推动企业以多种形式紧密合作、协同创新，逐步形成以工程总承包企业为核心、相关领先企业深度参与的开放型产业体系。

（5）积极推行绿色建造 实行工程建设项目全生命周期内的绿色建造，以节约资源、保护环境为核心，通过智能建造与建筑工业化协同发展，提高资源利用效率，减少建筑垃圾的产生，大幅降低能耗、物耗和水耗水平。推动建立建筑业绿色供应链，推行循环生产方式，提高建筑垃圾的综合利用水平。

（6）开放拓展应用场景 加强智能建造及建筑工业化应用场景建设，推动科技成果转化、重大产品集成创新和示范应用。发挥重点项目以及大型项目示范引领作用，加大应用推广力度，拓宽各类技术的应用范围，初步形成集研发设计、数据训练、中试应用、科技金融于一体的综合应用模式。

11.2.4　跨界融合

互联网的大潮正朝着各行各业涌过来，互联网是这个时代必须接受也必须顺应时代的潮流。在"互联网+"这样的一个时代下，一个个跨界融合、开放的生态链已经形成。它们摆脱了传统经济形式的诸多束缚，以一个全新的面孔向世人展示。以5G、人工智能、BIM为代表的新技术创新日新月异，推动着基础设施、产业变革的迅猛发展，通过产业数字化引领工程界高质量发展已成为国际共识。作为建设工程领域的一次革命，BIM的应用和推广将给行业的高效绿色发展带来巨大的推动力。

党的十九大提出建设网络强国、数字中国和智慧社会。BIM技术是建筑业数字化、信息化的创新技术，是建筑业互联网+的入口。BIM能够连接建筑项目全生命周期不同阶段的数据、过程和资源，是对工程对象的完整描述，可被建设项目各参与方普遍使用。BIM技术改变了工程建设行业的生产方式、管理方式、消费方式，不仅是建筑产业转型升级、产业链整合发展和行业管理提升的重要基础，更是形成城市大数据的重要支撑。以BIM技术为基础，集成GIS、物联网、大数据、移动互联、人工智能等新一代信息技术，建设数字城市，为智慧城市提供大数据支撑。

在装配式领域，装配式建筑关注的不仅是设计领域，还是建筑的全生命周期。装配式建筑的三个跨界：专业的界、行业的界、类型的界。

1）专业跨界。仅关注自己专业是做不好装配式建筑的，装配式建筑需要将建筑、结构、机电、装饰、幕墙、机械、材料、自控、施工等专业协同考虑。未来设计很大一部分的成果是交到工厂的，如果不做到集成化、协同化的设计，是没有机会在现场进行设计变更的。

2）行业跨界。因为建筑涉及全生命周期，从设计、制造到生产、运维，工厂化生产跨到了制造业。如今的中国建筑制造业的发展与其他行业制造业相比相距甚远，因此建筑制造业更要厚积薄发，使国家的建筑业的发展上一个新的台阶。

3）类型跨界。装配式建筑是设计、生产、施工、装修和管理"五位一体"的体系化和集成化的建筑。在建造方式的系统里可以把建筑的类型界限弱化，即人们关注的是如何用工业化的手段盖房子。

思　考　题

1. 智能建造的产品形态有哪些？
2. 如今的人机协作有哪些应用以及优势？
3. 中国建造的产业升级需要哪些内容？
4. 建筑业可以和哪些方面的产业进行跨界融合？

参 考 文 献

[1]　李云贵. 加速 IT 技术应用，改造和提升传统的建筑业 [J]. 土木工程学报，2005，38（2）：119-125.

[2]　毛超，彭窑胭. 智能建造的理论框架与核心逻辑构建 [J]. 工程管理学报，2020，34（5）：1-6.

[3]　何关培. BIM 在建筑业的位置、评价体系及可能应用 [J]. 土木建筑工程信息技术，2010，2（1）：109-116.

[4]　于军琪，曹建福，雷小康. 建筑机器人研究现状与展望 [J]. 自动化博览，2016（8）：68-75.

[5]　高建华，胡振宇. 物联网技术在智能建筑中的应用 [J]. 建筑技术，2013，44（2）：136-137.

[6]　邹蕾，张先锋. 人工智能及其发展应用 [J]. 信息网络安全，2012（2）：11-13.

[7]　尤肖虎，潘志文，高西奇，等. 5G 移动通信发展趋势与若干关键技术 [J]. 中国科学：信息科学，2014，44（5）：551-563.

[8]　吴志江，马国丰. 基于大数据环境的精益建造过程中协同组织 [J]. 系统工程，2018，36（9）：67-78.

[9]　赵彬，牛博生，王友群. 建筑业中精益建造与 BIM 技术的交互应用研究 [J]. 工程管理学报，2011，25（5）：482-486.

[10]　刘占省，刘诗楠，赵玉红，等. 智能建造技术发展现状与未来趋势 [J]. 建筑技术，2019，50（7）：772-779.

[11]　尤志嘉，郑莲琼，冯凌俊. 智能建造系统基础理论与体系结构 [J]. 土木工程与管理学报，2021，38（2）：105-111；118.

[12]　广联达科技股份有限公司. 数字建筑平台为工程项目"赋能" [J]. 中国勘察设计，2019（9）：24-33.

[13]　刘刚. 数字建筑平台构筑产业数字化转型"新基建" [J]. 中国勘察设计，2020（10）：31-34.

[14]　刘苗苗，杨国威，刘晓颖，等. 装配式智能建造平台构建与应用 [J]. 中国建设信息化，2021（7）：59-63.

[15]　马智亮. 迎接智能建造带来的机遇与挑战 [J]. 施工技术，2021，50（6）：1-3.

[16]　焦柯，杜佐龙，杨新，等. 建筑全过程数字化智慧建造体系研究与实践 [J]. 土木建筑工程信息技术，2021，13（2）：1-6.

[17]　翟凯，王纪红，王蒙. 智慧工地系统在施工现场安全管理中的应用 [J]. 建筑安全，2021，36（5）：41-44.

[18]　曹吉昌，王佳仪，陈明琪. 基于 BIM+GIS+IoT 技术的智慧工地系统关键技术研究及应用 [J]. 建设科技，2020（3）：74-77.

[19]　高媛，王勇，崔恒东，等. BIM 与物联网技术在综合管廊设备运维管理中的应用 [J]. 智能建筑与智慧城市，2020（11）：101-104.

[20]　中国建筑协会. BIM 在全球的应用现状 [EB/OL].（2022-07-27）[2023-02-21]. https：//www. ren-rendoc. com/paper/215931489. html.

[21]　欧阳利军，王庆. 智能建造专业的提出和高等院校学生创新创业新思路探索 [J]. 教育教学论坛，2019（22）：1-4.

[22]　徐轩. BIM 技术在大型工程项目成本管理中的应用研究 [D]. 苏州：苏州科技大学，2018.

[23] 张小琳. BIM 技术在公共建筑机电工程中的应用研究［D］. 长春：吉林建筑大学，2019.

[24] 环球网校. BIM 技术在国外的发展现状［EB/OL］.（2019-07-16）［2013-02-21］. http：// safehoo. hqwx. com/web_news/html/2019-7/15632697227934. html.

[25] 贺灵童. BIM 在全球的应用现状［J］. 工程质量，2013，31（3）：12-19.

[26] 刘文锋. 智能建造关键技术体系研究［J］. 建设科技，2020（24）：72-77.

[27] 陈卫民，李钦，张东盼，等. 中国南方航空大厦项目 BIM+FM 技术应用及探讨［J］. 土木建筑工程信息技术，2021，13（4）：53-58.

[28] 张佩玉. BIM 标准，迎接智慧建筑时代：来自第四届中国国际智能建筑展览会的报道［J］. 中国标准化，2019（9）：6-13.

[29] 党伟，韩诗钊，齐磊，等. BIM 技术在工程管理中的应用研究［J］. 房地产世界，2022（3）：128-130.

[30] 毕玮，汤育春，冒婷婷，等. 城市基础设施系统韧性管理综述［J］. 中国安全科学学报，2021，31（6）：14-28.

[31] 党安荣，王飞飞，曲葳，等. 城市信息模型（CIM）赋能新型智慧城市发展综述［J］. 中国名城，2022，36（1）：40-45.

[32] 梅文胜，张正禄，郭际明，等. 测量机器人变形监测系统软件研究［J］. 武汉大学学报（信息科学版），2002，27（2）：165-171.

[33] 武家欣，王柏松，王浩，等. 隧道衬砌智能蒸汽养护台车的设计与研究［J］. 工程机械，2020，51（5）：13-17.

[34] 陈焱. 大族激光智能装备集团发展战略研究［D］. 长春：吉林大学，2017.

[35] 朱帅，徐佳斌. 浅谈新常态下智能装备产业的发展与思考［J］. 现代商业，2020（24）：34-35.

[36] 杨松林，刘维宁，王梦恕，等. 自动全站仪隧道围岩变形非接触监测及分析预报系统研究［J］. 铁道学报，2004，26（3）：93-97.

[37] 卢建兵. 智能建筑设备电气自动化系统设计［J］. 太原城市职业技术学院学报，2012（4）：138-139.

[38] 陈富川. 建筑智能化系统集成研究设计与实现［D］. 成都：电子科技大学，2008.

[39] 韩九强，赵玮，魏全瑞，等. 建筑塔吊群智能防碰撞系统［J］. 建筑安全，2008，23（2）：12-14.

[40] 朱军辉. 基于 CAN 总线的塔吊防碰撞系统研究［D］. 西安：西安理工大学，2008.

[41] 王爽. 高速铁路防灾安全智能监测单元的研究与实现［D］. 兰州：兰州交通大学，2014.

[42] 刘俊. 日本铁路防灾系统对我国铁路的启示［J］. 铁道运输与经济，2011，33（6）：54-58.

[43] 刘丽霞. 高速铁路防灾气象监测系统设计［J］. 计算机测量与控制，2010，18（9）：1979-1981.

[44] 马维青，李斐明，穆广祺，等. 集灾害监测、预测、预警、应急处置、决策为一体的电网防灾智能监测系统［R/OL］.（2014-01-12）［2023-02-21］. http：//cnki. scstl. org/KCMS/detail/ detail. as-px？filename = SNAD000001573692&dbcode = SNAD.

[45] 孙威. 利用压电陶瓷的智能混凝土结构健康监测技术［D］. 大连：大连理工大学，2009.

[46] 赵文静. 基于 ZigBee 技术的智能楼宇监测系统的设计［D］. 杭州：杭州电子科技大学，2010.

[47] 黄尚廉. 智能结构系统：减灾防灾的研究前沿［J］. 土木工程学报，2000（4）：1-5；22.

[48] 赵天祺，勾红叶，陈萱颖，等. 桥梁信息化及智能桥梁 2020 年度研究进展［J］. 土木与环境工程学报（中英文），2021，43（S1）：268-279.

［49］ 金冶纯. 人工智能机器人在防灾中的应用对策研究 ［J］. 产业创新研究，2020（22）：51-52；58.

［50］ ZHANG J J, SHOU Y J. Research on the construction of agricultural meteorological disaster prevention serv-
ice system in Henan province under the rural revitalization strategy ［J］. Agricultural Biotechnology, 2021,
10 (1): 79-82; 86.

［51］ 黄艳，喻杉，罗斌，等. 面向流域水工程防灾联合智能调度的数字孪生长江探索 ［J］. 水利学报，
2022，53（3）：253-269.

［52］ 罗齐鸣，华建民，黄乐鹏，等. 基于知识图谱的国内外智慧建造研究可视化分析 ［J］. 建筑结构学
报，2021，42（6）：1-14.

［53］ 蒋雪雁. 智慧建筑运维管理平台的应用研究：以某大型商业综合体项目为例 ［J］. 建筑经济，2021，
42（9）：78-82.

［54］ 朱宏平，翁顺，王丹生，等. 大型复杂结构健康精准体检方法 ［J］. 建筑结构学报，2019，40（2）：
215-226.

［55］ 鲍跃全，李惠. 人工智能时代的土木工程 ［J］. 土木工程学报，2019，52（5）：1-11.

［56］ 郭健，蒋煜，徐伟. 物联网技术在建筑节能管理中的应用 ［J］. 科技资讯，2020，18（9）：32；34.

［57］ 刘占省，孙啸涛，史国梁. 智能建造在土木工程施工中的应用综述 ［J］. 施工技术，2021，50
（13）：40-53.

［58］ 刘占省，刘子圣，孙佳佳，等. 基于数字孪生的智能建造方法及模型试验 ［J］. 建筑结构学报，
2021，42（6）：26-36.

［59］ 杨海滨，刘占省，刘军涛，等. 基于 BIM 技术的大型钢结构建筑智能建造关键技术的应用 ［J］. 建
筑技术，2021，52（6）：675-678.

［60］ 刘诗楠，刘占省，赵玉红，等. NB-IoT 技术在装配式建筑施工管理中的应用方案 ［J］. 土木工程与
管理学报，2019，36（4）：178-184.

［61］ 刘立超. BIM 技术在装配式建筑中的应用分析 ［J］. 安徽建筑，2022，29（3）：79-80.

［62］ 黄光球，郭韵钰，陆秋琴. 基于智能建造的建筑工业化发展模式研究 ［J］. 建筑经济，2022，43
（3）：28-34.

［63］ 安筱鹏. "全球产业技术革命视野下的工业化与信息化融合" 之四工业化与信息化融合的 4 个层次
［J］. 中国信息界，2008（5）：34-38.

［64］ 叶明. 新型建筑工业化 "新" 在建造方式由传统粗放转变为新型工业化 ［N］. 中国建设报，2020-
09-24（6）.

［65］ 李元齐，杜志杰，路志浩. 装配式钢结构体系建筑一体化建造技术研发和时间 ［J］. 建筑钢结构进
展，2021（10）：12-25.

［66］ 沈浮. 基于全生命周期的 K15 学校装配式建筑设计方案比选 ［D］. 杭州：浙江大学，2022.

［67］ 周湘华，张国栋. 基于 BIM 技术的装配式建筑全生命周期的实践与应用 ［J］. 工程建设与设计，
2022（3）：3-5.

［68］ 秦旋，李怀全，莫懿懿. 基于 SNA 视角的绿色建筑项目风险网络构建与评价研究 ［J］. 土木工程学
报，2017，50（2）：119-131.

［69］ 齐宝库，李长福. 基于 BIM 的装配式建筑全生命周期管理问题研究 ［J］. 施工技术，2014，43
（15）：25-29.

［70］ 徐迅，李万乐，骆汉宾，等. 建筑企业 BIM 私有云平台中心建设与实施 ［J］. 土木工程与管理学报，

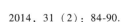

2014，31（2）：84-90.

[71] 张小富，李海涛. 基于 BIM 的建筑全生命周期安全管理研究 [J]. 施工技术，2013，42（22）：27-29；65.

[72] 修龙，赵昕. BIM：建筑设计与施工的又一次革命性挑战 [J]. 施工技术，2013，42（11）：1-4.

[73] 王要武，吴宇迪. 智慧建设及其支持体系研究 [J]. 土木工程学报，2012，45（S2）：241-244.

[74] 柳娟花. 基于 BIM 的虚拟施工技术应用研究 [D]. 西安：西安建筑科技大学，2012.

[75] 李静，田哲. 绿色建筑全生命周期增量成本与效益研究 [J]. 工程管理学报，2011，25（5）：487-492.

[76] 过俊. BIM 在国内建筑全生命周期的典型应用 [J]. 建筑技艺，2011（Z1）：95-99.

[77] 朱嬿，陈莹. 住宅建筑生命周期能耗及环境排放案例 [J]. 清华大学学报（自然科学版），2010，50（3）：330-334.

[78] 张泳，付君，王全凤. 建筑信息模型的建设项目管理 [J]. 华侨大学学报（自然科学版），2008（3）：424-426.

[79] 孙澄，曲大刚，黄茜. 人工智能与建筑师的协同方案创作模式研究：以建筑形态的智能化设计为例 [J]. 建筑学报，2020（2）：74-78.

[80] 马国丰，宋雪. 基于 BIM 的办公建筑智能化运维管理设计研究 [J]. 科技管理研究，2019，39（24）：170-178.

[81] 李骥. 绿色医院建筑中的建筑智能化系统设计探讨 [J]. 现代建筑电气，2019，10（1）：60-63.

[82] 魏力恺，张备，许蓁. 建筑智能设计：从思维到建造 [J]. 建筑学报，2017（5）：6-12.

[83] 岑晓光. 基于物联网的智能建筑设计方法研究 [D]. 广州：华南理工大学，2015.

[84] 王勇，张建平. 基于建筑信息模型的建筑结构施工图设计 [J]. 华南理工大学学报（自然科学版），2013，41（3）：76-82.

[85] 王勇，张建平，王鹏翊，等. 建筑结构设计中的模型自动转化方法 [J]. 建筑科学与工程学报，2012，29（4）：53-58.

[86] 彭曙光. BIM 技术在基坑工程设计中的应用 [J]. 重庆科技学院学报（自然科学版），2012，14（5）：129-131.

[87] 刘宏. 智能建筑中可持续性技术的设计与应用 [D]. 西安：西安建筑科技大学，2006.

[88] 黄洪钟，赵正佳，关立文，等. 基于遗传算法的方案智能优化设计 [J]. 计算机辅助设计与图形学学报，2002，14（5）：437-441.

[89] 周庆琳. 智能大厦的建筑设计 [J]. 建筑学报，1999（9）：4-10.

[90] 江力，孙守迁. 智能化产品变型设计支持系统模型及其应用 [J]. 工程设计，1997（3）：14-19.

[91] 苑丁杰，陈俊杰，曾善聪，等. 基于智能可穿戴设备的建筑施工人员安全管理系统 [J]. 价值工程，2020，39（10）：71-73.